Deepen Your Mind

「資料是新時代的石油」。石油需要經過勘探、開採、提煉才能成為石化產品，服務人類，表現價值。資料同樣需要經過治理和採擷才能產生價值。在資料治理和採擷的過程中，資料的應用面臨很多困難和挑戰。解決「資料孤島」問題是其中最突出的困難。隱私保護是近年來從個人使用者到政府都高度注意的內容。如何在保護個人隱私和資料安全的情況下，實現跨機構的資料聯合使用，是當前巨量資料產業和人工智慧技術應用的重要課題與探索方向。

2020 年被認為是聯邦學習和隱私保護計算的應用重大突破點。無論是掌握最豐富資料資源的網際網路「大廠」，掌握大量金融資料的銀行和豐富通訊資料的電信企業，還是傳統的提供資料服務的第三方科技公司，都開始佈署聯邦學習，或提出應用架構框架，或結合業務建立產業解決方案。這既是資料共用和價值採擷具有巨大的應用需求與價值的表現，也是面對嚴格的法律和監管要求，資料相關工作的一種必然的選擇。

聯邦學習身為隱私保護計算技術，為資料的聯合建模和價值採擷提供了可行的解決路徑，正在實踐中高速發展。在金融科技發展的過程中，對於資料的跨機構聯合使用有強烈的應用需求。在打造世界一流金融控股集團的戰略目標過程中，作為金融科技產業的參與者，把在聯邦學習上的探索和實踐經驗分享給業界，希望為巨量資料和人工智慧在金融產業的實踐應用、數位經濟發展和企業數位化轉型貢獻一份力量。這也是我們撰寫本書的初心和動機。我們嘗試從聯邦學習發展的背景、技術方法和工具的原理、落地實踐的詳細過程、與金融業務相關的應用案例、應用展望等方面，多角度、多層次地展示聯邦學習及其在金融科技產業應用的全貌。

在撰寫本書的過程中，特別是在資料收集方面，我們獲得了光大科技有限公司巨量資料部門同事的大力幫助，在此特別向張明銳、凌立、周權、魏樂、額日和、盧格潤、彭成霞、原田、畢光耀、樊昕曄、李鈺、王義文、解巧巧等表示衷心的感謝。本書的撰寫和出版獲得了電子工業出版社博文視點公司石悦老師，從選題策劃到佈署謀篇等方面的幫助。我們也對石悦老師表達感謝。此外，我們還要特別感謝香港科技大學的楊強教授和聯邦學習 FATE 開放原始碼社區創始人陳天健，他們閱讀了本書初稿並提出了很多寶貴的意見和建議，使我們對 FATE 框架的介紹更加準確與深入。

04 以聯邦學習為基礎的推薦系統

05 聯邦學習應用之資料要素價值

06 聯邦學習平台架設實踐

07 聯邦學習平台實踐之建模實戰

08 跨機構聯邦學習營運應用案例

09 跨機構聯邦學習風控應用案例

10 聯邦學習應用擴充

A **RSA** 公開金鑰加密演算法

B **Paillier** 半同態加密演算法

C 安全多方計算的 **SPDZ** 協定

D 參考文獻

聯邦學習與金融科技應用介紹

1.1 聯邦學習的發展背景和歷程

在網際網路產業興起的過程中,特別是在行動網際網路主導大眾生活的今天,巨量資料(Big Data)技術和人工智慧(AI)已經在廣泛的應用場景中獲得了巨大的成功,並極大地影響甚至改變了大眾的工作和生活模式。然而,巨量資料和人工智慧的應用依然面臨著許多問題,其中包括兩個棘手的挑戰:一個是資料在多數產業和場景中並不連通,仍以「孤島」的形式存在,在使用層面存在著重重障礙;另一個是資料帶來了對使用者隱私的威脅,資料應用的使用者隱私安全性成為技術應用必須滿足的前提。為了解決這些問題,多種以不同技術路線為基礎的解決方案被提出,並開始被嘗試應用在包括金融科技在內的實際場景中。其中一種被普遍看好的解決方案——「聯邦學習」,自提出後已經快速發展成為人工智慧的熱門研究領域,並在金融科技產業中開始了實際應用,引起了金融機構極大的關注。

下面簡要回顧聯邦學習從萌芽到擴充的發展史，並介紹學術界列出的聯邦學習定義，以及在應用實踐中聯邦學習系統結構，希望讓讀者對聯邦學習有全面而明晰的了解，意識到聯邦學習是一種以聯邦機制為資料提供方進行資料聯合、共用資料價值的解決方案，並瞭解其在保證使用者資料安全和個人隱私資訊上的有效性和可行性。

2016 年，Google 公司旗下 DeepMind 的 AlphaGo 擊敗了頂尖的人類圍棋職業選手。從專業的從業者到普通大眾，都看到了人工智慧令人難以置信的威力和引人遐想的潛力。人們開始期待，在自動駕駛汽車、生物醫學工程、醫療診斷、藥物篩選和開發、金融科技等更多應用中，使用人工智慧技術帶來使用者體驗的大幅提升和場景革命。在過去的幾年中，人工智慧技術已經在許多產業和場景中展現出了自己的優勢和威力。但是，在人工智慧的發展史中，最突出的特點就是半個多世紀的人工智慧發展經歷了多次高峰和低谷。這一次人工智慧的熱潮會不會又緊連著低谷呢？

不難發現，巨量資料的爆發式興起和發展直接催生了當前這輪人工智慧的浪潮。2016 年，AlphaGo 在 30 萬盤人類對局棋譜的基礎上訓練模型，獲得了驚人的成績。隨後出現的具有突破性意義的 AlphaGo Zero，也是建立在數以百萬計的自我對弈基礎上的。人們期待人工智慧在生產和生活中的應用也自然是由資料驅動的。但是，實際上產業和應用中的資料情況還不能令人滿意。資料通常都十分有限，而且資料品質堪憂，難以使用。這些都讓人工智慧技術的應用實踐充滿挑戰，遠比人們期待的情形多出許多困難，需要完成難以實現的巨量額外工作。那麼透過多方聯合以資料傳輸的方式將資料融合到一起是不是一種可能的解決方案呢？在實踐中並沒有這麼簡單，要打破各方之間資料上的門檻解決「資料孤島」問題通常都無比困難。在人工智慧實踐專案中，常常包括多種不同類型的資料。以和大眾生活最直接相關的產品智慧推薦服務場景為例，產品銷售方（包括常說的電子商務甚至新零售）掌握對應產品的屬性資訊，透過通路上的資料獲取，收集使用者瀏覽、購買等行為資料。然而企業還會進一步嘗試使用與使用者購買能力評價、使用者消費習慣相關的用戶資料。在大多數產業中，資料分散儲存在各個不同的企業中，從物理上都被隔離了。在實踐中，除了同業競爭和隱私安全符合規範的考量，由於企業內部複雜的架構和管理流程，甚至在同一個法人企業的不同層級或部門之間，資料聯合使用的阻力也是無比巨大的，常常有無形的隔閡使其難以順利實踐。

從資料製造者的角度來看，作為巨量資料和人工智慧應用受益者的個人使用者，特別是在無孔不入的資料應用的「打擾」下，對個人資料安全和個人資訊保護的意識不斷提升。立法機關、政府部門對資料安全和個人隱私保護的重視程度不斷提升，相關的立法和監管已成為全球性趨勢。隨著社會對巨量資料的關注，與資料洩露隱私有關的事件引起了媒體廣泛報導，在大眾中引發了巨大反響，政府監管部門也高度重視。2016 年，在美國大選過程中，一家名為劍橋資料的公司，以不正當的方式獲取 Facebook 使用者授權，進而以隱密的方式收集資料，並將其應用於服務物件，讓世界震驚。面對這一複雜的局面，各國的立法機關和政府部門都在加強資料安全和使用者個人隱私保護的監管並立法。歐盟於 2018 年 5 月 25 日頒佈並實施了《通用資料保護條例》（GDPR），成為全球在立法層面的先行者。GDPR 明確要求企業在說明使用者協定時必須使用清晰、易懂的語言，協定必須指定使用者「被遺忘的權利」，即使用者可以隨時撤回對企業使用與自己相關的個人資料的使用授權，要求企業刪除與使用者自己相關的個人資料。任何商業機構如果有違反該法案的行為，歐盟都將對其處以嚴厲懲罰和巨額罰款。這些都使得資料聯合使用對人工智慧的推動受到極大的限制，給充分進行資料融合帶來了新的挑戰。

從實踐應用的層面來看，傳統的以資料聯合為基礎的人工智慧，常常採用簡單的資料互動模式。各個資料提供方收集各自的資料，然後以要聯合使用的目的，協商統一尋找出有中立立場的第三方提供服務。多個資料提供方將資料傳輸給第三方，第三方負責整理和融合各方的資料。作為中立角色的第三方按照資料提供方的意願和目標，利用整合後的資料，建構並訓練得到模型，再組織成對應服務，提供給有需求的各方使用。人工智慧的應用通常以模型服務的形式提供，合作方可以以靈活的方式完成商務合作。這種傳統模式顯然不能滿足上述與資料相關的法律法規和監管的要求。從使用者的角度來看，他們事先不能被告知資料的用途、建模的目的和模型的用途，因此這種模式更直接地違反了 GDPR 及有同類型條款的法律。在巨量資料和人工智慧的應用實踐中面臨著一個兩難的局面，一方面被割裂開的資料以「孤島」形式存在，另一方面在不同的地方收集的資料很難自由融合並交由第三方進行人工智慧處理，這樣的行為在大多數情況下都被禁止。如何合法符合規範地使用被隔離的資料是巨量資料和人工智慧應用實踐最急需解決的問題。

為了解決這樣的問題，聯邦學習（Federated Learning，FL）的概念在 Google 的 McMahan 等人 2016 年的工作中最早被提出[1]。他們的工作就是利用分佈在多個裝置上的資料，聯合建構機器學習模型，而又不洩露裝置上的資料。這項工作主要處理行動裝置上的聯合學習問題，針對分散式行動終端上使用者的資料互動模式，引入隱私保護的方法，防止資料洩露。在解決方案中，需要考慮的主要是隱私保護技術帶來的大規模分散式通訊的成本最佳化、資料分配的負載平衡，以及裝置可靠性帶來的方案安全性等一系列問題。後續改進工作也針對這些方面展開。之後改進工作的方向，還包括針對各種資料聯合場景進行統計量的計算、在不同的合作模式假設下安全的聯合學習設計，以及聯邦學習在個性化推薦和本地個性化設定中展開。

在聯邦學習的概念誕生後，聯邦學習主要應用在行動終端上。在這一模式發展的同時，強烈的資料融合建模需求，驅動了將聯邦學習擴充到其他場景和合作模式上，湧現了一批新的方法和工作，例如在多個資料提供方間透過特徵聯合進行模型訓練。在這個場景中，資料在特徵中通常以使用者 ID 或裝置 ID 按水平分割進行劃分。這就導致這裡包括的隱私保護更加重要和關鍵。這裡相關的技術與傳統安全意義下的隱私保護機器學習具有緊密的關係，主要考量在分散式的學習環境中，如何實現資料安全和隱私保護。在應用實踐中，聯邦學習的概念被擴充到跨組織的協作學習中，同時按照資料提供形式的變化，原始的「聯邦學習」被擴充成所有「帶有隱私保護機制的分散式機器學習」的通用概念。2019 年，香港科技大學的楊強教授及其合作者提出了「聯邦學習」的一般定義[2]。

定義 N 個資料所有者 $\{F_1, F_2, \cdots, F_N\}$，他們都希望透過合併各自的資料集 $\{D_1, D_2, \cdots, D_N\}$ 來訓練機器學習模型。一種正常方法是將所有資料放在一起，並使用 $D = D_1 \cup D_2 \cup \cdots \cup D_N$ 來訓練模型 M_{sum}。聯邦學習是一種學習過程，資料所有者共同訓練一個模型 M_{fed}。在該過程中，任何資料所有者 F_i 都不會將其資料 D_i 曝露給其他人。在學習的過程中，M_{fed} 的準確性（表示為 V_{fed}）應該非常接近 M_{sum} 的準確性 V_{sum} 的性能。令 δ 為非負實數，如果有 $|V_{fed} - V_{sum}| < \delta$，那麼稱聯邦學習演算法有 δ-acc 級的損失。

隱私保護是聯邦學習最基本和最重要的性質，這就需要從理論到實踐全面實現。關於隱私保護的研究工作要早於聯邦學習定義的出現。來自密碼學、資料庫、機器學習等方向的許多專家和學者的研究團隊，長期以來一直追求的目標是，在不曝露明細級資料的情況下，在多個資料提供者之間實現資料聯合分析和建模。從 20 世紀 70 年代末開始，人們就研究利用電腦加密資料的方法，Rivest 等[3]和 Yao[4]的工作就是其中的代表。Agrawal、Srikant[5]及 Vaidya 等[6]研究隱私保護下的資料探勘和機器學習，成為這個方向最早的研究者。這些工作利用中立的第三方中央伺服器，在保護資料隱私的同時，利用本地資料進行特定方法的機器學習。事實上，即使聯邦學習一詞出現並引發對應演算法和軟體應用的興起，任何一項演算法和技術也不能解決資料聯合需求中的全部挑戰。「聯邦學習」

其實是在隱私保護約束下一系列特徵資料面臨的挑戰問題的統稱。這些關於資料特徵的隱私保護約束下的一系列挑戰問題，常常還在隱私敏感的分散式資料的應用機器學習問題中同時出現。

由此，聯邦學習相關的問題，本質上是跨學科的綜合問題。這些困難的解決不僅包括機器學習演算法，還包括分散式最佳化、密碼學、資料安全和差分隱私、資料倫理、資訊理論和壓縮感知、統計學等方面的理論與技術。棘手的問題常常都集中在這些領域的交匯處，需要多學科、多方向的合作，這對資料聯合應用、持續採擷資料價值非常重要。關於聯邦學習的研究和應用實踐突破，常常是將來自這些學科領域方向的技術進行創新組合。這帶來了問題解決的全新想法和角度，既提供了可能性，也帶來了新的挑戰。

下面簡介可用於聯邦學習的不同隱私保護技術路線的情況和適用場景，並介紹間接洩露資料的風險，以及解決方法和潛在挑戰。

- 安全多方計算（Secure Multi-party Computation，SMPC）

  SMPC 技術包含多個資料提供方和計算參與方，在有明確定義的安全意義下，可提供技術安全的證明，並能夠保證完全零知識。也就是說，每個參與方只知道其自身的輸入和輸出，對其他資訊完全無法知道。這種零知識屬性對資料安全確實是非常重要的，但是這種屬性的實現，通常需要使用非常複雜的計算協定，事實上在專案實踐中很可能無法真正有效實現。在某些特別的情況下，如果能夠提供額外的安全保證機制，可以接受部分知識公開，就可以在較低的安全性要求下用 SMPC 技術建立對應安全等級的模型，以此來獲得實際可用的效率 [7]。Mohassel 和 Zhang 在 SMPC 技術對應框架下以半誠實假設聯合兩個參與方訓練了機器學習模型[8]。Kilbertus 使用 SMPC 技術進行模型訓練和驗證，而無須提供明細級的敏感性資料。Sharemind（Bogdanov

等[9]）被認為是目前最先進的 SMPC 技術框架之一。Mohassel 和 Rindal 提出了一個以誠實多數為基礎的三參與方模型[10～13]，並分別考驗了在只有半誠實假設和存在惡意參與方情況下的安全性。在這些工作中，參與方的資料及對應的計算需要在非衝突伺服器之間進行秘密共用操作。

- 差分隱私（Differential Privacy，DP）
  聯邦學習中另一種常用的技術路線是使用差分隱私[14]或 K-匿名[15]技術來實現資料隱私保護[16,17]。差分隱私、K-匿名及組合多樣化的方法[5]會在資料上增加雜訊，或使用歸納方法掩蓋資料的某些敏感屬性，直到第三方無法區分單筆資料的影響為止，從而使資料無法恢復，實現使用者隱私保護。當然，從實際操作層面來看，這些方法本質上仍然需要將資料傳輸到其他參與方，並且這些工作通常還需要在準確性和隱私之間進行平衡。在 Geyer 等[18]的工作中，作者介紹了一種針對聯邦學習的差分隱私方法，透過在訓練期間隱藏客戶的貢獻達到為用戶端資料提供隱私保護的目的。

- 同態加密（Homomorphic Encryption，HE）
  在聯邦學習意義下的機器學習過程中，還有一種技術路線是在參數交換的過程中，採用同態加密[3]作為加密機制來保護使用者資料隱私[19～21]。這種方式與差分隱私的資料保護機制具有本質的不同，可以看到資料本身不會被傳輸，在密碼學意義下也不會被對方的資料猜中。在最近的工作中，同態加密被用來集中訓練分散式儲存的資料[22,23]。當然，這類技術會增加額外的計算負擔，加密後資料的通訊負擔也遠超原始明文通訊的方式。在實踐中，加法同態加密被廣泛用於降低計算負擔，對機器學習演算法中出現的非線性函數，需要進行多項式逼近來近似計算，所以這項技術需要在準確性、保密性之間進行平衡和選擇[24,25]。

間接資訊洩露是資料融合和聯邦學習發展過程中，引起人們極大關注的重要問題。在聯邦學習發展的初期，常用的演算法設計想法是使用隨機梯度下降（SGD）[1]及其變種的最佳化演算法來實現模型的參數更新。隨著研究的不斷發展，這種以參數梯度計算傳遞為基礎的模式，被認為沒有提供足夠的安全保證。當這些梯度資訊以一定的形式被提供給其他參與方時，這些梯度實際上在特定的方法下極有可能會洩露重要的資料資訊[26]。在使用圖像資料的聯合訓練場景中，研究人員考驗了以下情況，參與方之一透過嵌入後門，利用他人的資料進行學習，就可以惡意攻擊他人。Bagdasaryan 等證明了將隱藏的後門嵌入聯邦全域模型中是可行的，並提出一種約束規模的新方法以減少資料被惡意攻擊的風險[27]。Melis 等證明了在協作機器學習系統中也存在潛在漏洞，在協作機器學習中不同的參與方使用的訓練資料容易受到攻擊，存在被反推的可能[28]。他們的工作顯示，對抗性參與方可以推斷出參與方的身份及與訓練資料子集相關的屬性。他們還討論了防禦這些攻擊的可能應對措施。Su 和 Xu 展示了一種以不同參與方梯度交換為基礎的安全組織形式，設計了一種梯度下降方法的安全變種，並證明其能對抗參與方中有常數比例的隨意作惡者的情況[29]。

區塊鏈技術也已經被用於建構可信任的聯邦學習專案實踐的平台。Kim 等設計了一種以區塊鏈為基礎的聯邦學習（Block FL）架構，透過區塊鏈技術實現聯邦學習模型訓練中行動端本地模型更新量的交換和驗證[30]。他們考驗了最佳區塊生成、網路可擴充性和穩定性的問題，並提供了解決方案。另外，區塊鏈身為憑證生成和記錄技術，也為技術應用後的稽核工作提供了工具，特別是在銀行、證券、保險等監管要求嚴格的金融場景中，利用區塊鏈技術提供聯邦學習應用中需要的用於稽核的憑證，已經出現在產業解決方案中。

關於隱私保護資料聯合的研究已經有數十年的歷史，但僅在過去的十年中，伴隨著巨量資料的發展和人工智慧應用的極大需求，真正實踐的解決方案才得到大量部署[31]。消費類數位產品現在已經開始使用跨裝置的聯邦學習和聯邦資料分析技術。最早提出聯邦學習概念的 Google 公司，在Gboard 移動鍵盤[32～35]、Pixel 手機的應用和 Android Messages 中廣泛使用了聯邦學習相關技術。Google 公司率先開發和應用跨裝置聯邦學習，但隨著應用威力的展現，現在其他公司的應用也紛紛湧現：蘋果公司在 iOS 13 中使用跨裝置聯邦學習，用於 QuickType 鍵盤和 "Hey Siri" 的人工智慧幫手；Doc.ai 公司正在開發用於醫學應用場景的跨裝置聯邦學習解決方案，而 Snips 已經探索了用於熱點詞檢測的跨裝置聯邦學習[36]。跨部門的應用程式已經被提出進而實踐，包括小微信貸授信、再保險的財務風險預測、藥物發現、電子健康檔案資訊採擷、醫療資料分割[37]和智慧製造。

隨著聯邦學習的應用需求不斷增加，大批以科技公司為主力的機構，還開發、公佈出了許多開放原始碼工具和框架，其中包括 TensorFlowFL、FATE、PySyft、Fedlearner、LEAF、PaddleFL 等[38]。在資料應用市場上，大量從事傳統資料資訊服務和金融科技的公司也紛紛開發與提供以隱私保護為核心概念的安全的機器學習產品及服務。

1.2 金融資料價值採擷的聯邦學習實踐

銀行、證券、保險、信託等不同金融領域的企業，由於業務發展的需要，對與外部開展資料共用、流通、交易具有巨大而強烈的需求。資料只有透過共用、流通才能表現出自身巨大的價值，進而賦能金融產業，然而資料洩露事件不斷發生，引起各界廣泛關注。資料所有權的確定、資料所有權和資料使用權的分離，成了資料流通首先需要解決的嚴峻問題。

聯邦學習為資料共用、流通、交易提供了一種可行的支撐技術和解決方案，包括聯合學習、隱私計算技術在內的多種技術和概念，引起了金融產業和金融科技產業的廣泛關注，被寄予厚望。

數位化轉型是經濟發展的重要動力和途徑，金融產業是這輪數位化轉型的重點領域。結合金融產業的應用，在資料聯集查詢、聯合統計和聯合建模等多種資料應用場景中，在風險管理控制、客戶營運、產品推薦和行銷等典型業務應用場景中，聯邦學習技術都有強烈的應用需求和巨大的應用潛力。

金融改革不斷深入。近年來，金融產業出現了一些新的情況：一方面，一些大型金融機構開展跨產業投資，形成金融集團；另一方面，部分非金融企業，透過股權投資等多種形式控股了多家不同業務領域的金融機構，事實上具有了金融控股公司的特徵。這一變化已經引起了政府部門和監管機構的高度重視。加強對金融控股公司的治理和風險控管，符合現代金融監管的要求。

隨著金融產業模式的不斷創新，已經出現跨多個傳統金融領域的大型金融控股集團中，常常包括銀行、證券、保險、信託等多種金融企業。在金融產業之外，還涵蓋了健康、旅遊、環保等多個非傳統金融產業。隨著資料探勘、人工智慧等技術日趨成熟且應用廣泛，各類資料的數量呈現幾何級數增長，巨量資料已成為企業重要的基礎性資源。對一個集團的長期發展來說，資料不僅是基礎性資源，還是可以深挖價值、給集團帶來直接經濟利益的資產。在巨量資料時代，資料的生產要素化將成為衡量企業價值的重要標準，企業在未來競爭格局中的地位在很大程度上由其決定。

資料具有的屬性眾多，常見的分類包括物理屬性、存在屬性和資訊屬性等。物理屬性是指資料需佔用物理的儲存媒體，可傳輸、可度量。存在屬性是指資料以人類可感知的形式存在。資訊屬性是指資料本身所代表的含義。資料的價值在於能夠透過分析和採擷的過程來消除資訊的不對稱，從而獲取資訊，推動業務發展，實現盈利，而這些預期需求的實現都需要資料存在且能夠帶來正確、有效的資訊，以保證資料的品質。資料治理是保證資料品質的必需手段，同時也是多機構集團型企業提升管理能力的重要任務。

然而，由於集團型企業廣泛存在著業態多樣、人員分散、管理流程和模式差異大的特點，集團型企業內部的資料治理工作面臨巨大的困難和挑戰。金融控股集團內各個子公司的主營業務相差巨大，產業細分的資料標準和規範各有特點、不盡相同，從而增加了不同企業間資料互聯互通和共用創造價值的複雜度，資料多來源的異質現象和「資訊孤島」現象普遍存在。此外，成員企業的資訊化、數位化水準和發展階段各不相同。對個別傳統業務來說，企業的資訊化水準較為薄弱，資料的擷取和整理甚至還停留在手工輸入傳遞階段，導致了資料品質在各個源頭就不能得到有效保證。因此，集團的資料治理需要按照對應的標準、規範、流程和方法等，確保資料統一管理和高效流動，讓資料用起來，在使用的過程中採擷出資料資產價值。擁有資料，並不表示就擁有了資料資產。只有透過創新性的方法聯合各方有效、準確的資料，在資料中採擷到有效的資訊，資料才能算資產。

透過參照國際資料管理協會（DAMA）、資料治理研究所（DGI）等權威機構建構的包括資料管理能力成熟度評估模型（DCMM）在內的權威方法論，結合金融控股集團自身多業態、多法人、資訊化水準參差不齊等特點，可以建構具有金融控股集團特色的資料治理架構，如圖 1-2-1 所示。

在跨機構資料治理實踐中，集團以組織架構、參與角色的權利與責任為基礎組織保證，在資料符合規範和資料安全的前提下開展資料資產管理工作，透過制定資料標準提升資料品質，創造資料價值，逐步實現「看見—

看清一看懂一決策」的經營管理目標，進而實現建設一個開放、共用、符合規範、智慧的數位生態圈的戰略願景[39]。

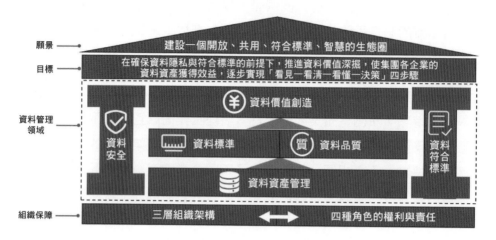

圖 1-2-1 金融控股集團的資料治理架構

為了打破「資料孤島」的現實局面，同時最大限度地整合、重複使用各機構內外部的資料資源，推進資料價值創新、創造，建立跨機構的資料港平台是最佳的解決方式。特別是在多業務、多機構的金融控股集團內部，統一的集團資料港平台在資料價值採擷和為集團戰略轉型賦能的過程中應運而生。

資料港平台計畫匯集集團內外分散的各類資料，建設資料資產全生命週期、資料標準與品質閉環、資料符合規範與安全管理等管理機制，最大限度地重複使用資源，加速前端業務創新。資料港平台是集團科技助力業務創新的基礎，其核心能力包括基礎能力、融合能力、視覺化能力和智慧化能力。

資料港平台用巨量資料技術建構基礎平台，針對資料工作的流程特點，分別對接全面服務：透過資料獲取平台與成員企業統一部署擷取模式，進行資料儲存與中繼資料管理；透過外部資料平台統一外部資料管理機制，對成員企業提供外部資料介面與服務；透過資料資產平台進行資料品質檢核，整合指標資料的管理與加工，提供資料資產地圖服務；透過資料模型實驗室架設自然語言處理、機器學習等基礎環境，進行資料模型訓練和資料探勘工作。

在資料探勘的過程中，跨機構的客戶和產品的資料具有更大的可採擷價值，但資料的敏感性也更強。隨著大眾對使用者隱私保護的要求越來越高，各地的監管機構針對個人隱私資料的擁有權和安全性公布了強監管的法規。企業必須滿足客戶對資料隱私保護的要求，加強對資料安全和使用者隱私的保護。以資料符合規範和產業監管為基礎的要求，客戶、產品資料的蒐集存在著法律規範上的困難，資料來源之間的門檻很難被打破。

巨量資料是人工智慧的基礎，研究顯示模型的準確率與訓練資料量成正比，在金融領域中對資料的強監管限制了資料的融合與使用。為了解決這種問題，聯邦學習正好可以發揮自己的作用，在保護資料隱私的前提下實現資料分析和資料價值採擷。聯邦學習本身是一種在保護隱私的前提下，進行機器學習的方式。資料的擁有方完全可以在資料不出本地的情況下，聯合訓練，建立模型，各方根據自己本地的資料在模型訓練中計算模型參數的更新量，然後將更新結果進行聚合，如此一直迭代到收斂中止。聯邦學習既保證了每個終端的使用者資料不出本地，各個終端又可以同時共用一個通用的模型。在實現模型訓練的同時，聯邦學習框架提供的一系列演算法，可以在各方明細資料不出本地的情況下，實現樣本對齊和相關統計量計算。舉例來說，集團資料港灣為基礎的聯邦學習平台，以客戶為中心，以聯邦學習為核心技術支撐實現了客戶拉通、客戶交換行銷和風控，從而實現了智慧、高效的業務協作[39]。

1.2 金融資料價值採擷的聯邦學習實踐

聯邦學習演算法之建模準備

2.1 聯邦學習的分類

聯邦學習針對的是資料聯合建模問題，從前述聯邦學習的定義中也可以看到，在隱私保護下進行安全的資料聯合是聯邦學習要完成的最核心任務。在實際應用場景中，資料的分佈有各自的特點，以這些特點為基礎，可以將聯邦學習分成不同的類別，進而根據不同類別的特點設計不同的解決方案。所以，首先以資料分類的特點為依據對聯邦學習進行分類。

對於有多個資料擁有方的場景，每個資料擁有方各自持有資料集 D_i。將其表示成矩陣的形式，即矩陣的每一行表示一個樣本（常見的是使用者維度），每一列表示一個特徵。在有監督學習場景中，某些資料集可能還包含標籤資料。我們將特徵表示為 X，將標籤表示為 Y，並使用 I 表示樣本。舉例來說，在風控場景中，標籤 Y 可能是使用者的信用表現，如貸款是否出現大於 3 天的逾期；在行銷欄位中，標籤 Y 可能是使用者的購買情況，如在電話行銷理財產品活動後客戶是否購買對應的理財產品；在教育領域中，標籤 Y 可能是教學的效果回饋，如教學後學生的成績情況；在醫療場景中，標籤 Y 可能是診療方案或檢查診斷有效性情況，如血糖控制方案的對應治療情況等。樣本 I、特徵 X、標籤 Y 組成了完整的訓練資料集 (I, X, Y)。在現實的應用中，我們會遇到各種各樣的情況，特徵、標籤及樣本在各個資料集上不完全相同。這裡參考 Yang 等[40]提出的分類方法，以包含兩個資料擁有方的聯邦學習為例，資料分佈可以分為以下三種情況。

- 兩個資料集的特徵重疊部分較多，但樣本重疊部分較少。
- 兩個資料集的樣本重疊部分較多，但特徵重疊部分較少。
- 兩個資料集的樣本和特徵重疊部分都比較少。

資料擁有方的特徵和樣本可能並不相同。我們根據特徵和樣本中各方之間的資料分配方式，將聯邦學習分為水平聯邦學習、垂直聯邦學習和聯邦遷移學習。圖 2-1-1 顯示了針對兩方場景的各種聯邦學習框架。

1. 水平聯邦學習

在資料集的特徵重疊部分較多但樣本重疊部分較少的情況下，把資料集看成按水平進行劃分，取出雙方特徵相同而樣本不完全相同的那部分資料，進行水平聯邦學習或以樣本聯合為基礎的聯邦學習。舉例來說，由於受到地域等一系列因素影響，兩個不同銀行面對的使用者交集非常小。又如，2017 年 Google 提出了用於 Android 手機模型更新的水平聯邦學習解決方案。在該場景中，使用 Android 手機的單一使用者可以在本地更新模型參數，並將參數上傳到 Android 雲端，從而與其他資料擁有方一起訓練模型，共用模型訓練成果。

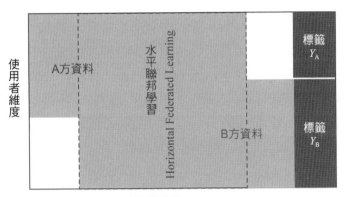

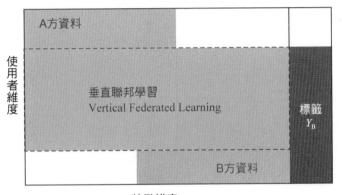

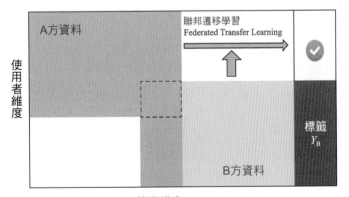

圖 2-1-1 聯邦學習按資料分佈形式的三種分類

2. 垂直聯邦學習

在資料集的樣本重疊部分較多但特徵重疊部分較少的情況下，把資料集看成按垂直進行劃分，取出雙方樣本相同而特徵不完全相同的那部分資料，進行垂直聯邦學習或以特徵聯合為基礎的聯邦學習。舉例來說，有兩個業務內容不同的機構，一個是銀行，另一個是電子商務公司。它們的使用者交集較大，但銀行記錄的是使用者的財務資訊與信貸表現，而電子商務公司則擁有使用者的瀏覽資訊和購買情況，因此特徵交集較小。垂直聯邦學習就是在保護使用者隱私的狀態下，將不同的特徵進行聯合學習，以增強模型能力。目前以邏輯回歸為代表的線性模型、樹狀結構模型和神經網路模型等機器學習模型，透過不同的技術路線，都已經有了垂直聯邦學習場景下的實現方案。

3. 聯邦遷移學習

聯邦遷移學習適用於兩個資料集在樣本上、特徵上都不太相同的情況。假設有兩個機構，一個是位於中國的銀行，另一個是位於美國的電子商務公司。由於地理位置的限制，兩個機構的使用者群眾之間的交集很小。另外，由於業務不同，雙方的特徵只有一小部分重疊。在這種情況下，可以應用遷移學習技術為聯邦之下的整個樣本和特徵提供解決方案。這實際上是在使用有限的公共樣本集，學習兩方資料集共有特徵上的共同表示，然後將其應用於僅具有一方特徵的樣本上，進行標籤預測。聯邦遷移學習是現有聯邦學習系統的重要擴充，因為它可以解決的問題超出了現有的聯邦學習演算法的範圍。

2.2 樣本對齊的實現方式

在垂直聯邦學習中，參與建模的各方首先需要對齊樣本，這也是聯合建模的前提。由於各資料方用來對齊的欄位幾乎都是身份辨識資訊，所以如何避免個人資訊的洩露，是實現隱私保護的關鍵。

實踐中常見的方式有兩類：以雜湊函數為基礎的普通對齊方式和以非對稱加密演算法為基礎的隱私保護對齊方式。

2.2.1 以雜湊函數為基礎的普通對齊方式

在應用實踐中，最常用的方式是以雜湊（Hash）函數為基礎的對齊方式。由於雜湊函數本身具有單向性、不可逆性，因此用於對齊的身份辨識資訊經過雜湊運算後是很難反向推出原始資訊的。在實踐中，雙方首先按約定的方式，對身份辨識資訊進行雜湊運算，然後將對應的結果發給對方，與己方結果進行比較，得到對齊結果。雙方進行雜湊運算後對齊的身份辨識資訊如圖 2-2-1 所示。

因為對齊的雙方事實上是知道對齊的身份辨識資訊內容形式和雜湊函數的，所以一方在拿到對方的雜湊運算結果後，可以使用查表等暴力破解方式，對未對齊樣本的資訊進行破解，從而得到不屬於自己的樣本身份辨識資訊。

加鹽是一種常用的密碼保護機制。具體實現過程如下：每一個樣本生成一個隨機字串，進行雜湊運算後，拼接在身份辨識資訊欄位的雜湊運算結果前或後，然後再對此結果進行雜湊運算。加鹽主要用在密碼和證書的驗證等有標識資訊的場合，需要有標識資訊配合，如用戶名，以便尋找「鹽」的資訊。在樣本對齊場景中，這種保護機制並不適用。

id	sha1
139××××4228	89eac7792d8145df40d4ad17125f4368fbc54c8
139××××1900	b3edd29068805ee59bb0ef366e6e37f18c1459cd
139××××3985	eb3dc28ebb0553c2440956bd6790d0cdd9fc63cc
139××××0847	9f1170831b5a1582a9c49fb647322f896f62d51
139××××3397	cfb13c39b1046beb3d6fee563634524807d72e3
139××××0176	f25483df9bd40b402ce04a05233a6e8c30dd30c
139××××9274	82dbc71f2999a9f112cbd70fc1f8085c9067d034

id	sha1
139××××4228	89eac7792d8145df40d4ad17125f4368fbc54c8
139××××1900	b3edd29068805ee59bb0ef366e6e37f18c1459cd
139××××3985	eb3dc28ebb0553c2440956bd6790d0cdd9fc63cc
139××××0847	9f1170831b5a1582a9c49fb647322f896f62d51
139××××3397	cfb1f3c39b1046beb3d6fee563634524807d72e3
139××××0176	a996fcda383c6a2bb83abd8456bad67c93f48036
139××××9274	3478343190d906d60a293781b86a937ee385fa66

圖 2-2-1 雙方進行雜湊運算後對齊的身份辨識資訊

一種可行的解決方式是增加共同信任的第三方。對齊雙方按事先設定的方式，將序號和身份辨識資訊的雜湊運算結果發給第三方。第三方不知道雙方用來對齊的身份辨識資訊形式和使用的具體加密方式，只負責比對結果並分別返回雙方序號對應的結果。

2.2.2 非對稱加密演算法的隱私保護對齊方式

非對稱加密演算法是現在電腦通訊安全的基礎。加密和解密可以使用不同的規則，只要這兩種規則之間存在某種對應關係即可，這樣就避免了直接傳遞金鑰。這種加密演算法被稱為「非對稱加密演算法」。一般過程如下：

- 乙方生成兩把金鑰（公開金鑰和私密金鑰）。公開金鑰是公開的，任何人都可以獲得，私密金鑰則是保密的。

- 甲方獲取乙方的公開金鑰，然後用它對資訊加密。

- 乙方得到加密後的資訊，用私密金鑰解密。

如果公開金鑰加密的資訊只有私密金鑰解得開，那麼只要私密金鑰不洩露，通訊就是安全的。

Rivest、Shamir 和 Adleman 設計了 RSA 公開金鑰加密演算法，其可以實現非對稱加密。RSA 公開金鑰加密演算法是使用得最廣泛的「非對稱加密演算法」，其基本原理、安全性證明和加/解密過程的介紹請參看附錄 1。透過非對稱加密演算法和雜湊函數演算法的組合，可以設計更加安全的樣本對齊方法，從而避免採用普通對齊方式時被暴力破解。這裡以 RSA 公開金鑰加密演算法和雜湊函數演算法的組合為例，介紹對應的樣本對齊方法，如圖 2-2-2 所示。

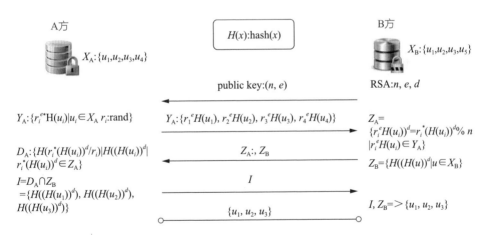

圖 2-2-2 以 RSA 公開金鑰加密演算法為基礎的樣本對齊方法

演算法

1. B 方首先用 RSA 公開金鑰加密演算法中的金鑰生成方法生成公開金鑰(n,e)和私密金鑰 d，將公開金鑰發送給 A 方。

2. A 方用公開金鑰和隨機數 r_i 對己方資料 u_i 進行雜湊運算，得到結果 $H(u_i)$，然後利用 RSA 公開金鑰加密演算法對 $H(u_i)$ 進行加密得到結果 Y_A，將 Y_A 交給 B 方。

3. B 方將此結果用私密金鑰解密，並將結果 Z_A（此結果有隨機數 r_i 和雜湊函數保護）返回給 A 方。同時，B 方對己方資料進行雜湊運算，並將雜湊運算結果用私密金鑰按解密方式操作後的結果 Z_B（此結果有私密金鑰和雜湊函數保護）也返回給 A 方。

4. A 方用隨機數 r_i 的逆元解密 B 方返回的 Z_A 得到 D_A，利用 D_A 與 Z_B 直接比對得到交集 I，返回 I 給 B 方。

5. B 方根據 I 和 Z_B 得到交集。

本演算法的有效性和隱私保護的安全性，都基於 RSA 公開金鑰加密演算法的原理。在 RSA 公開金鑰加密演算法安全性的基礎上，可以嚴格保證結果的隱私安全。A 和 B 雙方都只知道自己和對方相同樣本的資訊，對對方獨有的樣本，沒有有效的手段可以得到原始欄位資訊。在本演算法中，關鍵步驟是 A 方在進行雜湊運算後對本方結果用僅有自己知道的隨機數保護，B 方對本方已進行雜湊運算的資訊利用金鑰加密後，再進行雜湊運算，從而利用金鑰和雜湊運算保護本方資訊不能被暴力破解。

2.3 特徵工程的聯邦學習實現方式

2.3.1 特徵工程簡介

特徵工程是使用資料科學領域的相關技術和知識從原始資料中建構特徵的過程。透過獲得品質更好的特徵用於模型訓練，模型的性能能夠得到提升，即使在簡單的模型結構上也能表現良好。同時，它作為機器學習中不能缺少的過程，具有十分重要的作用，主要包括特徵提取、特徵構造和特徵選擇 3 個部分。特徵提取這一步會用到一系列演算法，演算法會從初始資料中自動取出並生成新特徵集。常用的方法包括主成分分析、獨立成分分析和線性判別分析等。特徵構造是透過人工的方式以原始資料建立新特徵為基礎。特徵選擇就是以一些評價指標為基礎來進行特徵的篩選。舉例來說，在利用邏輯回歸（LR）、決策樹（DT）等機器學習方法訓練模型時，在大部分的情況下不會用全部特徵去訓練模型，而是會對特徵進行篩選後再擬合模型。那麼該如何進行特徵的篩選？可以從以下幾個因素來考慮：特徵的預測能力、特徵之間的相關性、特徵的可計算性、特徵的可解釋性等。在上述因素中最重要的考量因素是特徵的預測能力。資訊值（Information Value，IV）是用來量化特徵預測能力的最常見和重要的指標。

IV 表徵的特徵預測能力與值的大小成正比，IV 越大表示該特徵的預測能力越強。除此之外，資訊增益（IG）和基尼（Gini）係數也常用來表徵特徵的預測能力。在應用實踐中，IV 的評價標準見表 2-3-1。

表 2-3-1 IV 的評價標準[41]

IV	評價
小於 0.02	幾乎沒有
[0.02，0.1)	弱
[0.1，0.3)	中等
[0.3，0.5)	強
大於等於 0.5	極強，需檢查

在計算 IV 之前，首先介紹證據權重（Weight of Evidence，WOE）的概念和計算方式。IV 的計算需要用到 WOE。WOE 是一種特徵編碼方法，不過在做 WOE 編碼之前，需要對特徵做分箱。在做完分箱後，對於第 i 個分箱，WOE_i 為

$$\mathrm{WOE}_i = \ln \frac{P_{\mathrm{bad}_i}}{P_{\mathrm{good}_i}} = \ln \frac{\mathrm{bad}_i / \mathrm{bad}_\mathrm{T}}{\mathrm{good}_i / \mathrm{good}_\mathrm{T}} = \ln \frac{\mathrm{bad}_i / \mathrm{good}_i}{\mathrm{bad}_\mathrm{T} / \mathrm{good}_\mathrm{T}} \qquad （2\text{-}3\text{-}1）$$

式中，P_{bad_i} 為該分箱中的壞樣本（目標特徵設定值為 1 的樣本）佔所有壞樣本的比例；P_{good_i} 為該分箱中的好樣本（目標特徵設定值為 0 的樣本）佔所有好樣本的比例；bad_i 為該分箱中壞樣本的數量；bad_T 為總樣本中壞樣本的數量。同理，good_i 為該分箱中好樣本的數量；good_T 為總樣本中好樣本的數量。在透過簡單變換後可以看出，WOE 表徵了該分箱中好壞樣本的比值（odds）與總樣本中該比值的區別。WOE 越遠離 0，該區別越大。WOE 越大，分箱內壞樣本的比例就越大，反之則同理。

對於第 i 個分箱，對應的 IV_i 計算公式為

$$\mathrm{IV}_i = \left(P_{\mathrm{bad}_i} - P_{\mathrm{good}_i} \right) \times \mathrm{WOE}_i = \left(P_{\mathrm{bad}_i} - P_{\mathrm{good}_i} \right) \times \ln \frac{P_{\mathrm{bad}_i}}{P_{\mathrm{good}_i}} \qquad （2\text{-}3\text{-}2）$$

可以看到，IV 在 WOE 的基礎上保證了結果的非負性。同時，根據特徵在各分箱上的 IV_i，得到整個特徵的 IV 為

$$IV = \sum_{i}^{n} IV_i \qquad （2\text{-}3\text{-}3）$$

舉一個包含 1100 個樣本的例子，計算模型中年齡特徵的 IV，表 2-3-2 中顯示了具體結果。因為年齡是連續整數型特徵，設定值多，所以需要對其做離散化處理。這裡將其分為 5 組，用 $good_i$ 和 bad_i 分別表示每組中好樣本、壞樣本的數量分佈。可以看到，在小於 18 歲的年齡分組中，壞樣本數量與好樣本數量的比值大於總樣本中壞樣本數量與好樣本數量的比值，此時的 WOE_i 為正；18 歲到 25 歲組中壞樣本數量與好樣本數量的比值等於總樣本中壞樣本數量與好樣本數量的比值，此時的 WOE_i 為 0；其餘三組中壞樣本數量與好樣本數量的比值均小於總樣本中壞樣本數量與好樣本數量的比值，對應的 WOE_i 為負。當 WOE_i 為正時，特徵的當前值在判別個體為壞樣本時有正向作用，而當其為負時，則起負向作用。同時，WOE_i 的絕對值越大，作用的影響越大。而 IV 的計算以 WOE 為基礎，可以看出是對 WOE 的加權求和，IV 越大，對判別個體是屬於好樣本還是壞樣本的貢獻就越大。

表 2-3-2　IV 計算結果

年齡（歲）	bad_i	$good_i$	P_{bad_i}	P_{good_i}	WOE_i	IV_i
<18	50	200	50%	20%	0.92	0.28
[18, 25)	20	200	20%	20%	0	0
[25, 30)	15	200	15%	20%	-0.29	0.01
[30, 40)	10	200	10%	20%	-0.69	0.07
≥40	5	200	5%	20%	-1.39	0.21
整理	100	1000	100%	100%	—	0.57

圖 2-3-1 為對應的 WOE 曲線。我們在利用機器學習模型進行建模時,一般會選擇 WOE 編碼呈單調的特徵,這樣可以提升後續模型的可解釋性和預測效果。如果出現一些其他曲線形狀,那麼可能需要重新調整特徵分箱或更換特徵。同時,在實際操作中,可能還要在不同的資料集上對分箱的單調性做檢查。如果特徵的 WOE 編碼僅在訓練集上單調,在驗證集和測試集上不一致,那麼反映出分箱設定得不夠合理,需要重新調整。

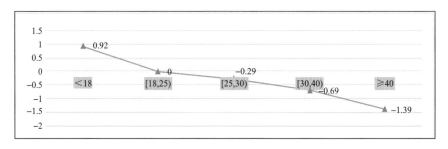

圖 2-3-1 WOE 曲線

2.3.2 聯邦特徵工程

在非聯邦機制下,特徵 X 和目標標籤 Y 都是存放在一處的,可以直接計算出 IV 和 Pearson 相關係數。而在聯邦機制下,由於資料分佈在不同的參與方且不同的參與方之間無法進行直接的資料交換,完成特徵工程就需要在以隱私保護為基礎的前提下對資料進行交換和計算。以聯邦 WOE 和 IV 的計算為例,假設 A 方只有特徵 x,B 方具有 x 和目標標籤 y,且 $y \in \{0,1\}$。

首先,A 方和 B 方需要進行以隱私保護為基礎的樣本 id 對齊,通常採用 RSA 公開金鑰加密演算法和雜湊機制進行隱私保護。然後,在 A 方和 B 方都獲得共有樣本 id 後,就可以開始進行聯邦 WOE 和 IV 的計算,通常採用的是 Paillier 半同態加密演算法,附錄 2 中有關於該演算法的詳細介紹,利用 Paillier 半同態加密演算法就可以實現聯邦 WOE 和 IV 的計算,計算過程如圖 2-3-2 所示。

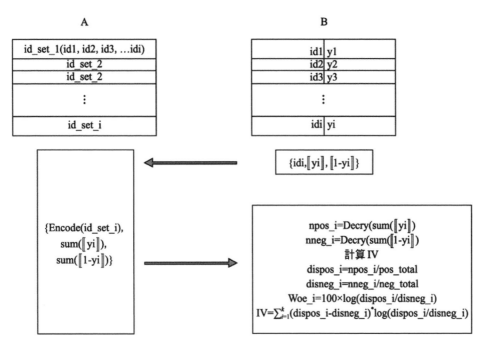

圖 2-3-2 以 Paillier 半同態加密演算法為基礎的聯邦 WOE 和 IV 計算過程

在圖 2-3-2 中，B 方對 y 和 $1-y$ 做同態加密，接著將加密結果傳給 A 方。A 方將本地的特徵分組，並在組中做加密求和，得到結果後將其傳給 B 方。B 方將接收到的結果解密，算出 A 方每個特徵的 WOE 和 IV。在整個過程中，A 方對特徵進行編碼化，因此 A 方特徵 x_i 的設定值是自己獨立掌握的，沒有透露給 B 方。B 方由於提供了目標標籤 y，進而獨立掌握相關統計量的計算結果。同時，需要注意的一點是，B 方對二分類的目標標籤進行加密，需要有保護隱私性的機制，以免 A 方根據樣本分類的不平衡性猜測出加密對應的明文標籤。這裡採用的 Paillier 半同態加密，在加密的過程中引入了隨機數機制，可以保證即使對同一個資料，每次的加密結果也是不一致的。

本節以 WOE 和 IV 的計算過程為例分別介紹了非聯邦環境和聯邦環境下特
徵工程的實現方式。在 IV 的輔助下,後續特徵選擇過程可以順利進行。

聯邦學習演算法之
模型實現

3.1 線性模型的聯邦學習實現方式

在介紹聯邦學習實現方式之前,快速回顧一下線性模型。假設範例樣本 x 包含 d 個特徵,即 $x = (x_1, x_2, \cdots, x_d)$, x_i 表示第 i 個特徵上 x 的值。線性模型就是利用不同特徵的線性組合來得到一個預測函數,即

$$f(x) = w_1 x_1 + w_2 x_2 + \cdots + w_d x_d + b \qquad (3\text{-}1\text{-}1)$$

一般用向量形式寫成

$$f(x) = w^{\mathrm{T}} x + b \qquad (3\text{-}1\text{-}2)$$

式中, $w = (w_1, w_2, \cdots, w_d)$ 。在確定了權重 w 和 b 後,就能夠得到模型。此外, w 與特徵的重要性有關,在特徵標準化後可直接表徵特徵的重要性。所以,線性模型的可解釋性比較好,在應用中受到廣泛歡迎。下面再具體介紹幾種經典的線性模型。

指定資料集 $D = \left\{ (\boldsymbol{x}_1, y_1), (\boldsymbol{x}_2, y_2), \cdots, (\boldsymbol{x}_m, y_m) \right\}$。式中，$\boldsymbol{x}_i = (x_{i1}, x_{i2}, \cdots, x_{id})$，$y_i \in \mathbf{R}$。「線性回歸」希望學習出一個線性模型來擬合真實輸出值，當特徵 $d = 1$ 時，就是「一元線性回歸」。更一般的情形是 d 大於 1，此時我們試圖學得

$$f(\boldsymbol{x}_i) = \boldsymbol{w}^{\mathrm{T}} \boldsymbol{x}_i + b, f(\boldsymbol{x}_i) \simeq y_i \qquad (3\text{-}1\text{-}3)$$

這被稱為「多元線性回歸」。式中，$\boldsymbol{w}$ 和 b 的值一般利用最小平方方法進行估計，具體計算過程可以參考文獻 [41]。記 $\hat{\boldsymbol{x}}_i = (x_{i1}, x_{i2}, \cdots x_{id}, 1)$，$\boldsymbol{y} = (y_1, y_2, \cdots, y_m)^{\mathrm{T}}$，令 $\boldsymbol{X}$ 為 $\hat{\boldsymbol{x}}_i$ 按垂直排列組成的矩陣。當 $\boldsymbol{X}^{\mathrm{T}} \boldsymbol{X}$ 矩陣滿足滿秩或正定時，最終得到的多元線性回歸模型為

$$f(\hat{\boldsymbol{x}}_i) = \hat{\boldsymbol{x}}_i^{\mathrm{T}} \left(\boldsymbol{X}^{\mathrm{T}} \boldsymbol{X} \right)^{-1} \boldsymbol{X}^{\mathrm{T}} \boldsymbol{y} \qquad (3\text{-}1\text{-}4)$$

當 $\boldsymbol{X}$ 的列數比行數多，$\boldsymbol{X}^{\mathrm{T}} \boldsymbol{X}$ 不是滿秩矩陣時，最小平方意義下的解不唯一。此時需要修改求解的問題來保證解的唯一性。最常見的解決方法是根據對解應滿足性質的先驗知識加入正則化項。

剛剛介紹了如何用線性模型來做回歸分析，而在分類問題中，只需將實際值 y 和線性模型的預測值 z 關聯起來。具體到二分類問題，它的實際值 $y \in \{0, 1\}$，而模型的預測值 $z = \boldsymbol{w}^{\mathrm{T}} \boldsymbol{x} + b$ 是實數值，所以這裡的實數值 z 需要變換成 0 或 1。而對數機率函數 $y = \left(1 + \mathrm{e}^{-z} \right)^{-1}$ 就是這種能夠將 z 值變換成 0 和 1 之間的 y 值的函數。將 $z = \boldsymbol{w}^{\mathrm{T}} \boldsymbol{x} + b$ 代入對數機率函數，得到

$$y = \frac{1}{1 + \mathrm{e}^{-\left(\boldsymbol{w}^{\mathrm{T}} \boldsymbol{x} + b \right)}} \qquad (3\text{-}1\text{-}5)$$

可變化為

$$\ln \frac{y}{1 - y} = \boldsymbol{w}^{\mathrm{T}} \boldsymbol{x} + b \qquad (3\text{-}1\text{-}6)$$

這樣獲得了「邏輯回歸」模型。利用極大似然估計的思想，透過極大化似然比，就可以得到邏輯回歸模型中的參數估計。

不過當 y 表示事件發生次數時，這類計數變數一般只能取不連續的非負整數，無法作為一般線性模型的因變數。所以，在針對計數變數時，往往使用卜松回歸模型。通常先假設發生次數 y 滿足卜松分佈，接著再學習得到一個卜松回歸模型。假設事件發生次數 Y 是一個只取非負整數的隨機變數，引入一個參數 λ，令 $Y = y$ 的機率為

$$P(Y = y|\ \lambda) = \frac{\lambda^y \mathrm{e}^{-\lambda}}{y!} \qquad (3\text{-}1\text{-}7)$$

式中，$y = \{0，1，2\}$，Y 的分佈就是卜松分佈。參數 λ 大於 0，其既等於該分佈的平均值，又等於該分佈的方差。在線性模型中，假設 $\lambda = \exp(\sum_i \beta_i x_i)$，透過極大似然估計建立的模型就是卜松回歸模型，其中 β_i 是特徵 x_i 對應的回歸係數。

在介紹完上述線性模型之後，我們將介紹如何在不洩露各參與方資料的前提下，以分散式資料訓練聯邦線性模型為基礎。首先，依據資料在不同參與方的分佈形式，聯邦學習分為水平聯邦學習和垂直聯邦學習兩種典型場景。由於在實際業務中，企業更需要在水平聯邦學習或垂直聯邦學習的環境下實現聯合建模，所以下面就以這幾種線性模型為例分別介紹在水平聯邦學習和垂直聯邦學習環境下聯合建模的實現方式。

3.1.1 水平聯邦學習中的線性模型

在水平聯邦學習系統中，各參與方擁有的資料結構是一致的，然後它們借助網路進行參數傳輸，合作訓練出一個機器學習模型。這裡有一個假設是這些參與方都不會允許向伺服器洩露原始資料[42]。整個系統的訓練過程如下。

（1） 參與方各自用本地資料計算模型參數對模型損失函數的梯度貢獻，選擇加密技術對更新的梯度進行加密，然後將加密的結果發送給伺服器。

（2） 伺服器對接收到的結果進行安全聚合。

（3） 伺服器將聚合後的結果發送給參與方。

（4） 參與方對梯度進行解密，並更新自己本地的模型。

（5） 伺服器判斷損失函數是否收斂，檢測是否滿足中止條件。

實踐證明，如果使用安全多方計算[43]或同態加密[42]聚合梯度，那麼以上過程能夠抵抗半誠實伺服器引起的資料洩露。在實現過程中，加密是重要的過程，不過它可能會遭到惡意參與方在合作學習聯邦模型時訓練生成對抗網路[44]（Generative Adversarial Network，GAN）的攻擊。

水平聯邦邏輯回歸：由於一開始 A 方和 B 方都具有相同的模型結構，所以這裡僅以邏輯回歸為例來說明上述訓練過程，其他線性模型的訓練步驟同理。水平聯邦學習適用於資料在特徵層面重合多、在使用者層面重合少的情況。

假設客戶端裝置 A 和主機 B 具有完全相同的特徵，但所屬樣本不同，水平聯邦邏輯回歸模型的訓練過程如圖 3-1-1 所示。最初客戶端裝置 A 和主機 B 都具有相同的模型結構，當開始每一輪訓練時，客戶端裝置 A 和主機 B 都會用各自的本地資料訓練模型，分別將加密後的梯度上傳給可信的第三方 C，第三方 C 將這些梯度聚合，再將聚合的梯度分別發送給客戶端裝置 A 和主機 B，用於它們更新各自的模型，直到聯邦模型收斂達到中止條件。更詳細的過程可參考文獻[43]。

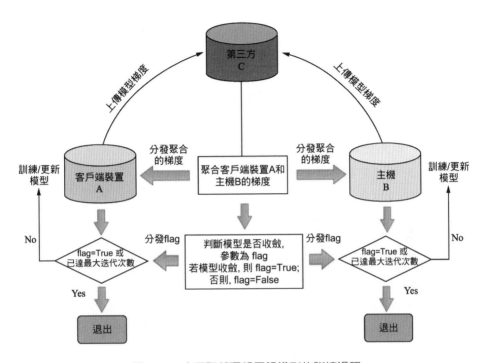

圖 3-1-1 水平聯邦邏輯回歸模型的訓練過程

3.1.2 垂直聯邦學習中的線性模型

在垂直聯邦學習系統中，具有不同資料結構的參與方 A 和 B 想要合作訓練一個模型。其中，只有 B 方有標籤。由於隱私保護的需求和解決方法的需要，A 方和 B 方不會直接傳輸資料，而是為了保證傳輸中資料的安全性加入了第三方 C。這裡，我們假設 C 方是誠實的且不會與 A 方或 B 方串通，為了保證 C 方合理且可信，可以讓官方機構承擔，或用安全計算節點來替代。整個系統通常分為以下兩個部分。

（1）實體對齊。由於兩個參與方的樣本不一致，聯邦系統會使用以加密為基礎的樣本 id 對齊技術在不曝露參與方各自資料的前提下確定公共的樣本。在這個過程中，不會洩露不重合的樣本。

（2）模型訓練。在公共的樣本確定後，以這些樣本訓練模型為基礎。訓練步驟如下。

① 第三方 C 生成金鑰對，把公開金鑰分別發送給 A 方和 B 方。

② A 方和 B 方對中間值進行加密傳輸，完成梯度和損失的更新計算。

③ A 方和 B 方更新各自加密的梯度，B 方還要完成加密損失的計算。然後，A 方和 B 方將加密的值發送給 C 方。

④ C 方對接收的值解密，並將解密後的損失和梯度返還給 A 方和 B 方。A 方和 B 方對模型參數進行更新。

下面分別以邏輯回歸、線性回歸和卜松回歸為例，對上述過程進行說明。

垂直聯邦邏輯回歸：文獻[45]提出了一種以隱私保護和資訊安全為基礎的垂直聯邦邏輯回歸模型，透過對損失和梯度公式運用泰勒展開使 Paillier 半同態加密演算法能適用於隱私保護計算。該演算法支援加法運算和純量乘法運算，即對於任意明文 u 和 v，有

$$\llbracket u \rrbracket + \llbracket v \rrbracket = \llbracket u+v \rrbracket \qquad （3\text{-}1\text{-}8）$$

還有純量乘法公式，n 表示加密 $\llbracket u \rrbracket$ 的個數，即

$$n\llbracket u \rrbracket = \llbracket nu \rrbracket \qquad （3\text{-}1\text{-}9）$$

所以，需要對邏輯回歸和隨機梯度下降公式做一些調整。首先，假設資料不是分散式儲存的，而是都存放在一處的。樣本 $x \in \mathbf{R}^d$ 和對應的標籤 $y \in \{-1,1\}$，可以學習到邏輯回歸模型 $\boldsymbol{\theta} \in \mathbf{R}^d$。以 n 個 $(x_i, y_i), i=1,2,\cdots,n$ 為基礎組成的訓練集 S，平均損失函數為

$$l_S(\boldsymbol{\theta}) = \frac{1}{n}\sum_{i \in S} \ln\left(1 + \mathrm{e}^{-y_i \theta^\mathsf{T} x_i}\right) \qquad （3\text{-}1\text{-}10）$$

反之，以訓練樣本為基礎的樣本數量為 s' 的子集 $S' \subseteq S$ 計算的隨機梯度為

$$\nabla l_{S'}(\boldsymbol{\theta}) = \frac{1}{s'} \sum_{i \in S'} \left(\frac{1}{1 + e^{-y\boldsymbol{\theta}^{\mathrm{T}}x}} - 1 \right) y_i \boldsymbol{x}_i \qquad （3\text{-}1\text{-}11）$$

雖然模型學習只需要梯度，而不需要損失，但是這裡採用簡單交換驗證，在大小為 h 的驗證集 H 上監測損失函數 l_H 以便提前終止訓練，防止模型過擬合。

在加法同態加密演算法下，我們需要考慮如何計算邏輯回歸中的損失和梯度的近似值。為了實現這一點，我們在 $z = 0$ 的周圍進行 $\ln(1 + e^{-z})$ 的泰勒級數展開，即

$$\ln\left(1 + e^{-z}\right) = \ln 2 - \frac{1}{2}z + \frac{1}{8}z^2 - \frac{1}{192}z^4 + O\left(z^6\right) \qquad （3\text{-}1\text{-}12）$$

在驗證集 H 上評估的損失函數 l_H 的二階近似為

$$l_H(\boldsymbol{\theta}) \approx \frac{1}{h} \sum_{i \in H} \ln 2 - \frac{1}{2} y_i \boldsymbol{\theta}^{\mathrm{T}} \boldsymbol{x}_i + \frac{1}{8} \left(\boldsymbol{\theta}^{\mathrm{T}} \boldsymbol{x}_i \right)^2 \qquad （3\text{-}1\text{-}13）$$

上式中對於任意的 i，有 $y_i^2 = 1$。為了區分，資料集 S' 上的梯度為

$$\nabla l_{S'}(\boldsymbol{\theta}) \approx \frac{1}{s'} \sum_{i \in S'} \left(\frac{1}{4} \boldsymbol{\theta}^{\mathrm{T}} \boldsymbol{x}_i - \frac{1}{2} y_i \right) \boldsymbol{x}_i \qquad （3\text{-}1\text{-}14）$$

接下來，為損失和梯度增加加密的隱藏 $[\![m_i]\!]$，則資料集 S' 上的加密梯度為

$$[\![\nabla l_{S'}(\boldsymbol{\theta})]\!] \approx \frac{1}{s'} \sum_{i \in S'} [\![m_i]\!] \left(\frac{1}{4} \boldsymbol{\theta}^{\mathrm{T}} \boldsymbol{x}_i - \frac{1}{2} y_i \right) \boldsymbol{x}_i \qquad （3\text{-}1\text{-}15）$$

驗證集 H 上的加密損失為

$$\left[\!\left[l_H(\boldsymbol{\theta})\right]\!\right] \approx \left[\!\left[v\right]\!\right] - \frac{1}{2}\boldsymbol{\theta}^{\mathrm{T}}\left[\!\left[\boldsymbol{\mu}\right]\!\right] + \frac{1}{8h}\left[\!\left[m_i\right]\!\right]\left(\boldsymbol{\theta}^{\mathrm{T}}\boldsymbol{x}_i\right)^2 \qquad （3\text{-}1\text{-}16）$$

式中，$\left[\!\left[v\right]\!\right] = ((\ln 2)/h)\sum\limits_{i\in H}\left[\!\left[m_i\right]\!\right]$，$\left[\!\left[\boldsymbol{\mu}\right]\!\right] = (1/h)\sum\limits_{i\in H}\left[\!\left[m_i\right]\!\right]y_i\boldsymbol{x}_i$。常數項 $\left[\!\left[v\right]\!\right]$ 與最小化無關，之後將其設定為 0。

下面介紹如何用隨機梯度下降訓練垂直聯邦邏輯回歸模型。假設第一階段的實體對齊已經完成，也就是參與方 A 和 B 具有相同的 n 行資料。用矩陣 $\boldsymbol{X} \in \mathbf{R}^{n\times d}$ 表示完整的資料集，這個矩陣的資料是由參與方 A 和 B 的資料並列而成的，而非真實地儲存於同一處，即

$$\boldsymbol{X} = [\boldsymbol{X}_{\mathrm{A}} | \boldsymbol{X}_{\mathrm{B}}] \qquad （3\text{-}1\text{-}17）$$

只有參與方 A 具有標籤 y，$\boldsymbol{\theta}^{\mathrm{T}}\boldsymbol{x}$ 可以分解為

$$\boldsymbol{\theta}^{\mathrm{T}}\boldsymbol{x} = \boldsymbol{\theta}_{\mathrm{A}}^{\mathrm{T}}\boldsymbol{x}_{\mathrm{A}} + \boldsymbol{\theta}_{\mathrm{B}}^{\mathrm{T}}\boldsymbol{x}_{\mathrm{B}} \qquad （3\text{-}1\text{-}18）$$

演算法 1 是安全邏輯回歸的計算流程，由第三方 C 執行。首先，C 方建立一組金鑰對，將公開金鑰分享給 A 方和 B 方。然後，C 方將加密的隱藏 $\left[\!\left[m\right]\!\right]$ 發送給 A 方和 B 方，這裡的訓練過程允許在 C 方忽略劃分驗證集和小量取樣的情況下完成。演算法 2 對損失進行了初始化，並快取了 $\left[\!\left[\boldsymbol{\mu}_H\right]\!\right]$ 用於計算之後的邏輯損失。此外，任何隨機梯度演算法都可以用於最佳化，如果選擇隨機平均梯度[46]（Stochastic Average Gradient，SAG）進行實驗，那麼 C 方會保留之前的梯度。演算法 3 用於監視驗證集上 H 的損失以便提前停止訓練。在任何加法同態加密方案下，損失的計算成本都很高。演算法 4 是梯度的安全計算過程，在演算法 1 的每輪計算中都需呼叫它。可以看到，在整個過程中，唯一清楚發送的、A 方和 B 方可以共用的資訊

只有模型 $\boldsymbol{\theta}$ 和每批資料 S'。其他所有資訊都是加密的，C 方只接收到 $\nabla l_{s'}(\boldsymbol{\theta})$。更詳細的過程可參考文獻[46]。

演算法 1：安全邏輯回歸（C 方執行）

輸入：隱藏 $\boldsymbol{m}$，學習率 η，正則化 Γ，驗證集大小 h，每批資料 S'

輸出：模型 $\boldsymbol{\theta}$

生成加法同態加密金鑰對

發送公開金鑰給 A 方和 B 方

用公開金鑰對 $\boldsymbol{m}$ 加密，發送 $[\![\boldsymbol{m}]\!]$ 給 A 方和 B 方

執行演算法 2（h）

$\boldsymbol{\theta} \leftarrow \boldsymbol{0}, l_H \leftarrow \infty$

重複：

    對每批資料 S' 執行

        $\nabla l_{s'}(\boldsymbol{\theta}) \leftarrow$ 演算法 4（$\boldsymbol{\theta}, t$）

        $\boldsymbol{\theta} \leftarrow \boldsymbol{\theta} - \eta(\nabla l_{s'}(\boldsymbol{\theta}) + \Gamma\boldsymbol{\theta})$;

    $l_H(\boldsymbol{\theta}) \leftarrow$ 演算法 3（$\boldsymbol{\theta}$）

    如果 $l_H(\boldsymbol{\theta})$ 在一段時間內沒有下降，那麼跳出循環

直到最大迭代次數

返回 $\boldsymbol{\theta}$

演算法 2：損失初始化

輸入：驗證集大小 h

輸出：快取驗證集 H 的 $[\![\boldsymbol{\mu}]\!]$

C方：發送 h 給 A 方

A方：對訓練集取樣得 $H \subset \{1, 2, \cdots, n\}, |H| = h$

$$\llbracket \boldsymbol{m} \circ \boldsymbol{y} \rrbracket_H \leftarrow \llbracket \boldsymbol{m} \rrbracket_H \circ \boldsymbol{y}_H$$

$$\llbracket \boldsymbol{u} \rrbracket \leftarrow \frac{1}{h} \llbracket \boldsymbol{m} \circ \boldsymbol{y} \rrbracket_H^{\mathrm{T}} \boldsymbol{X}_{AH}$$

發送 $H, \llbracket \boldsymbol{u} \rrbracket, \llbracket \boldsymbol{m} \circ \boldsymbol{y} \rrbracket_H$ 給 B 方

B 方：$\llbracket \boldsymbol{v} \rrbracket \leftarrow \frac{1}{h} \llbracket \boldsymbol{m} \circ \boldsymbol{y} \rrbracket_H^{\mathrm{T}} \boldsymbol{X}_{BH}$

聚合 $\llbracket \boldsymbol{u} \rrbracket$ 和 $\llbracket \boldsymbol{v} \rrbracket$ 得到 $\llbracket \boldsymbol{\mu}_H \rrbracket$

演算法 3：安全計算 H 上的邏輯損失

輸入：模型 $\boldsymbol{\theta}$，演算法 2 快取的 $\llbracket \boldsymbol{\mu}_H \rrbracket$ 和 H

輸出：H 上的損失 $l_H(\boldsymbol{\theta})$

C 方：發送 $\boldsymbol{\theta}$ 給 A 方

A 方：$\boldsymbol{u} \leftarrow \boldsymbol{X}_{AH} \boldsymbol{\theta}_A$

$\llbracket \boldsymbol{m}_H \circ \boldsymbol{u} \rrbracket \leftarrow \llbracket \boldsymbol{m} \rrbracket_H \circ \boldsymbol{u}$

$\llbracket \boldsymbol{u}' \rrbracket \leftarrow \frac{1}{8h} (\boldsymbol{u} \circ \boldsymbol{u})^{\mathrm{T}} \llbracket \boldsymbol{m} \rrbracket$

發送 $\boldsymbol{\theta}$，$\llbracket \boldsymbol{m}_H \circ \boldsymbol{u} \rrbracket$，$\llbracket \boldsymbol{u}' \rrbracket$ 給 B 方

B 方：$\boldsymbol{v} = \boldsymbol{X}_{BH} \boldsymbol{\theta}_B$

$\llbracket \boldsymbol{v}' \rrbracket \leftarrow \frac{1}{8h} (\boldsymbol{v} \circ \boldsymbol{v})^{\mathrm{T}} \llbracket \boldsymbol{m} \rrbracket_H$

$\llbracket \boldsymbol{w} \rrbracket \leftarrow \llbracket \boldsymbol{u}' \rrbracket + \llbracket \boldsymbol{v}' \rrbracket + \frac{1}{4h} \boldsymbol{v}^{\mathrm{T}} \llbracket \boldsymbol{m}_H \circ \boldsymbol{u} \rrbracket$

$\llbracket l_H(\boldsymbol{\theta}) \rrbracket \leftarrow \llbracket \boldsymbol{w} \rrbracket - \frac{1}{4h} \boldsymbol{\theta}^{\mathrm{T}} \llbracket \boldsymbol{\mu}_H \rrbracket$

發送 $\llbracket l_H(\boldsymbol{\theta}) \rrbracket$ 給 C 方

C 方：用私密金鑰解密得 $\llbracket l_H(\boldsymbol{\theta}) \rrbracket$

演算法 4：梯度的安全計算

輸入：模型 $\boldsymbol{\theta}$，樣本數量 s'

輸出：每批資料 S' 的 $\nabla l_{s'}(\boldsymbol{\theta})$

C 方：發送 $\boldsymbol{\theta}$ 給 A 方

A 方：選擇下一批資料集 $S' \subset S, |S'| = s'$

$$u = \frac{1}{4} X_{AS'} \boldsymbol{\theta}_A$$

$$[\![u']\!] = [\![m]\!]_{S'} \circ (u - \frac{1}{2} yS')$$

發送 $\boldsymbol{\theta}, S', [\![u']\!]$ 給 B 方

B 方：$v = \frac{1}{4} X_{BS'} \boldsymbol{\theta}_B$

$$[\![w]\!] = [\![u']\!] + [\![m]\!] \circ v$$

$$[\![z]\!] = X_{BS'} [\![w]\!]$$

發送 $[\![w]\!]$ 和 $[\![z]\!]$ 給 A 方

A 方：$[\![z']\!] = X_{AS'} [\![w]\!]$

發送 $[\![z']\!]$ 和 $[\![z]\!]$ 給 C 方

C 方：聚合 $[\![z']\!]$ 和 $[\![z]\!]$ 得到 $[\![\nabla l_{s'}(\boldsymbol{\theta})]\!]$

用私密金鑰解密得到 $\nabla l_{s'}(\boldsymbol{\theta})$

垂直聯邦線性回歸：線性回歸是統計學習中最基礎的方法。

一般來說，以梯度下降為基礎的方法來訓練線性回歸模型。現在需要對模型訓練中相關的損失和梯度進行安全計算。其中，學習率為 η，λ 為正則化參數，$\{x_i^A\}_{i \in D_A}, \{x_i^B, y_i\}_{i \in D_B}$ 為資料集，模型參數 Θ_A, Θ_B 分別對應了特徵 x_i^A 和 x_i^B，則模型的訓練目標表示為

$$\min_{\Theta_A, \Theta_B} \sum_i \left\| \Theta_A x_i^A + \Theta_B x_i^B - y_i \right\|^2 + \frac{\lambda}{2} \left(\left\| \Theta_A \right\|^2 + \left\| \Theta_B \right\|^2 \right) \qquad (3\text{-}1\text{-}19)$$

讓 $u_i^A = \Theta_A x_i^A$ ， $u_i^B = \Theta_B x_i^B$ ，則加密的損失為

$$\llbracket \mathcal{L} \rrbracket = \left\llbracket \sum_i \left(\left(u_i^A + u_i^B - y_i \right) \right)^2 + \frac{\lambda}{2} \left(\left\| \Theta_A \right\|^2 + \left\| \Theta_B \right\|^2 \right) \right\rrbracket \qquad (3\text{-}1\text{-}20)$$

式 中 ， 同 態 加 密 演 算 法 定 義 為 $\llbracket \bullet \rrbracket$ 。 讓 $\llbracket \mathcal{L}_A \rrbracket = \left\llbracket \sum_i \left(\left(u_i^A \right)^2 \right) + \frac{\lambda}{2} \Theta_A^2 \right\rrbracket$ ，

$\llbracket \mathcal{L}_B \rrbracket = \left\llbracket \sum_i \left(\left(u_i^B - y_i \right)^2 \right) + \frac{\lambda}{2} \Theta_B^2 \right\rrbracket$ ， $\llbracket \mathcal{L}_{AB} \rrbracket = 2 \sum_i \left(\llbracket u_i^A \rrbracket \left(u_i^B - y_i \right) \right)$ ，則有

$$\llbracket \mathcal{L} \rrbracket = \llbracket \mathcal{L}_A \rrbracket + \llbracket \mathcal{L}_B \rrbracket + \llbracket \mathcal{L}_{AB} \rrbracket \qquad (3\text{-}1\text{-}21)$$

同理，讓 $\llbracket d_i \rrbracket = \llbracket u_i^A \rrbracket + \llbracket u_i^B - y_i \rrbracket$ ，則梯度表示為

$$\left\llbracket \frac{\partial \mathcal{L}}{\partial \Theta_A} \right\rrbracket = \sum_i \llbracket d_i \rrbracket x_i^A + \llbracket \lambda \Theta_A \rrbracket \qquad (3\text{-}1\text{-}22)$$

$$\left\llbracket \frac{\partial \mathcal{L}}{\partial \Theta_B} \right\rrbracket = \sum_i \llbracket d_i \rrbracket x_i^B + \llbracket \lambda \Theta_B \rrbracket \qquad (3\text{-}1\text{-}23)$$

模型的具體訓練過程如下。

（1） A 方和 B 方對參數 Θ_A 、 Θ_B 做初始化，C 方生成金鑰對，將公開金鑰發送給 A 方和 B 方。

（2） A 方計算 $\llbracket u_i^A \rrbracket$ 、 $\llbracket \mathcal{L}_A \rrbracket$ 並將其發送給 B 方；B 方計算 $\llbracket u_i^B \rrbracket$ 、 $\llbracket d_i \rrbracket$ 、 $\llbracket \mathcal{L} \rrbracket$ ，然後發送 $\llbracket d_i \rrbracket$ 給 A 方，發送 $\llbracket \mathcal{L} \rrbracket$ 給 C 方。

（3） A 方初始化一個隨機數 R_A ，計算 $\left\llbracket \frac{\partial \mathcal{L}}{\partial \Theta_A} \right\rrbracket + \llbracket R_A \rrbracket$ 並將其發送給 C 方；

B 方初始化一個隨機數 R_B，計算 $\left\| \left[\dfrac{\partial \mathcal{L}}{\partial \Theta_B} \right] + [R_B] \right\|$ 並將其發送給 C 方；

C 方根據解密後的損失 $\mathcal{L}$ 判斷模型是否收斂，並對加密梯度解密後再發送 $\dfrac{\partial \mathcal{L}}{\partial \Theta_A} + R_A$ 和 $\dfrac{\partial \mathcal{L}}{\partial \Theta_B} + R_B$ 給對應的 A 方和 B 方。

（4） A 方和 B 方減去之前引入的隨機數，依據得到的真實梯度對參數 Θ_A、Θ_B 進行更新。

模型的評估過程如下：

（1） C 方分別向 A 方和 B 方發送樣本 ID i。
（2） A 方計算 u_i^A 並將其發送給 C 方，B 方計算 u_i^B 並將其發送給 C 方；C 方獲得結果 $u_i^A + u_i^B$。

以上述訓練過程為基礎，可以看到訓練中的資訊傳輸並沒有曝露資料隱私，A 方和 B 方的資料一直保存在本地，即使洩露給 C 方資料也未必會被視為侵犯隱私。不過為了盡可能地預防資料被洩露給 C 方，A 方和 B 方可以考慮加入加密隨機隱藏進一步保護資料。從而，A 方和 B 方完成了在聯邦環境下協作訓練一個共有模型。由於在建構模型時，每個參與方得到的損失和梯度應該與不限制隱私、將資料聚集在一處訓練模型時學習的損失和梯度一致，所以該聯邦模型理應是沒有損失的，即模型訓練的成本會受到資料加密所造成的通訊和運算資源的影響。由於在每輪訓練中，A 方和 B 方互相傳送的資料會隨重合樣本數的變化而變化，因此該演算法的效率能透過採取分散式運算技術得到提升。

從安全性方面來看，在訓練過程中並沒有向 C 方洩露任何資料，C 方得到的都是加密的梯度和隨機數，與此同時，加密矩陣的安全性也是有保證的。在上述訓練過程中，雖然 A 方在每步都學習自身的梯度，但 A 方並不能依照公式 $\sum_i [\![d_i]\!] x_i^A + [\![\lambda \Theta_A]\!]$ 就從 B 方處獲得相關資訊，因為要求解 n 個未知數就必須有至少 n 個方程式才能確定方程式的唯一解，這一必要性保證了純量積計算的安全性。在此處，我們假設樣本數 N_A 遠大於特徵數 n_A。同理，B 方也無法從 A 方處獲得任何相關的資訊，從而證明了該過程的隱私性。值得注意的是，假設兩個參與方都是半誠實的，但是當存在一個參與方是惡意攻擊者時，它會偽造輸入進行欺騙，如 A 方僅提交一個只有一個不為零的特徵的非零輸入，則系統可以辨識出該輸入的這一特徵 u_i^B，但系統無法辨識出 x_i^B 或 Θ_B，同時偏差會使得之後的訓練結果失真，從而告知另一參與方停止訓練。在結束時，A 方或 B 方都不會知曉對方的資料結構，都只能得到和自己的特徵有關的參數，達不到聯合訓練的效果。在推斷時，雙方需要使用上述評估步驟來共同預測結果，這同樣也不會曝露資料，更詳細的過程可參考文獻[2]。

垂直聯邦卜松回歸：卜松回歸是針對事件發生次數利用特徵建構的回歸模型，滿足事件之間的發生是相互獨立的，事件的發生次數服從卜松分佈。在模型訓練之前，需要對不同參與方的資料進行以隱私保護為基礎的實體對齊，然後以重疊樣本為基礎來建構聯邦模型，訓練過程如圖 3-1-2 所示。

（1）　A 方和 B 方各自對參數 $\exp(W_A X_A)$、$\exp(W_B X_B)$ 做初始化，C 方生成金鑰對並發送公開金鑰給 A 方和 B 方，A 方將用公開金鑰加密後的 $[\![\exp(W_A X_A)]\!]$ 傳輸給 B 方。

（2）　B 方在拿到加密資料後，結合目標值 Y，計算可得 $\hat{\beta} = ([\![\exp(W_A X_A)]\!] \times \exp(W_B X_B) - Y)$，然後用公開金鑰加密後將 $[\![\hat{\beta}]\!]$ 傳輸給 A 方。

（3）　B 方結合本地資料計算得到 B 方梯度 $[\![g_B]\!] = [\![\hat{\beta}]\!] X_B$，A 方結合本地資料計算得到 A 方梯度 $[\![g_A]\!] = [\![\hat{\beta}]\!] X_A$，然後 B 方和 A 方分別將各自的梯度 $[\![g_B]\!]$ 和 $[\![g_A]\!]$ 發送給 C 方。

（4） C 方將獲得的梯度$[\![g_B]\!]$、$[\![g_A]\!]$進行整理和解密後得到一個完整的梯度，最後將最佳化後的完整梯度拆分成新的$[\![g_B]\!]$和$[\![g_A]\!]$，並將其分發給對應的 B 方和 A 方。

（5） B 方和 A 方利用最佳化後的梯度對模型進行更新，同時 C 方根據 B 方設定的停止標準，在每次迭代結束時判斷聯邦模型是否收斂。如果收斂，那麼 C 方分別向 B 方和 A 方發送停止迭代標識。

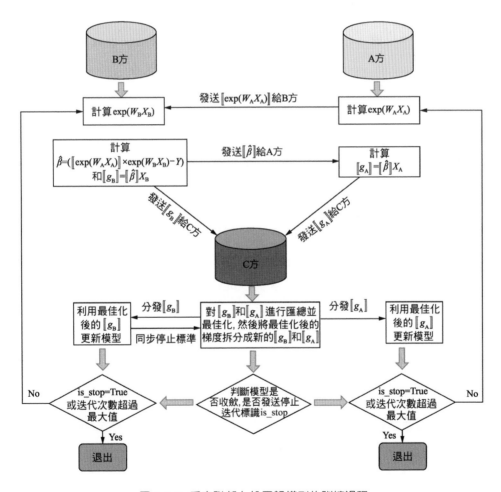

圖 3-1-2 垂直聯邦卜松回歸模型的訓練過程

3.2 極端梯度提升樹的聯邦學習實現方式

上述傳統機器學習演算法為單一弱學習器的訓練，本節所包括的極端梯度提升樹屬於整合學習。整合學習方法把多個效果較弱的學習器按一定的方式結合，從而形成一個效果強的學習器。相較於單一學習器，整合學習的表徵能力和泛化能力可以獲得明顯的提升。一般而言，將不相同的弱學習器結合在一起，整合學習的效果會有更好的提升。

較為著名且獲得廣泛認同的整合學習模型〔包括以決策樹為基學習器的隨機森林（Random Forest，RF）[47]、梯度提升決策樹（Gradient Boost Decision Tree，GBDT）[48] 和極端梯度提升樹（eXtreme Gradient Boosting，XGBoost）[49]等〕，在網路入侵偵測、客戶關係管理、教育資料探勘和音樂推薦等多個學習任務中均表現出強大的能力，其中 XGBoost 更憑藉其計算高效、預測準確等特點獲得了高度的關注和廣泛的應用。

Google 於 2016 年第一次發表了聯邦學習概念的相關論文，文章論述了重疊樣本特徵多、重疊使用者少的水平聯邦場景。在跨機構資料聯合應用的實踐中，垂直聯邦，即重疊使用者多、重疊樣本特徵少的情況，也是非常典型的場景，具有廣泛的應用需求。以提供金融信貸服務的銀行為例，如果銀行能與電信業者合作並使用其資料，那麼銀行風控模型的預測能力將顯著提升。將整合樹類的演算法推廣到聯邦學習場景，在保護資料隱私的前提下，Cheng 等提出了將 XGBoost 垂直聯邦化時無損的計算框架，即 SecureBoost[50]。

本節首先回顧 XGBoost 的演算法特點，而後從資料對齊、模型建構、結果預測和效果評估等幾個方面全面介紹 SecureBoost。

3.2.1 XGBoost 演算法介紹

XGBoost 是一種以梯度提升決策樹為基礎的演算法,已經被廣泛地應用到多種場景中,被用於處理分類、回歸、排序等多種類型的任務,並能在分散式環境中部署使用。XGBoost 的顯著優點包括以下幾個。

(1) 對葉子節點的設定加入懲罰,相當於增加了正則化項,防止過擬合。

(2) 支持列取樣,在建構每棵樹時對屬性進行取樣,訓練速度快,效果好。

(3) 支援稀疏資料,對於特徵有缺失的樣本特殊處理,仍可以透過學習得出分裂的方向。

(4) 使用可平行的近似頻數統計分佈演算法,在節點分裂時,經過預排序的資料按列存放,在特徵維度進行平行計算,即可以同時遍歷各個屬性,尋找最佳分裂點。

(5) 每經過一輪迭代,葉子節點上的權重都會乘以某係數,該係數被稱為縮減係數,用於削弱每棵樹的作用,使之後的訓練有更大的提升空間。

XGBoost 演算法求解的最佳化問題的目標函數如式(3-2-1)所示。

$$\text{Obj} = \sum_{n-1}^{n} \text{loss}(y_i, \hat{y}_i) + \sum_{k=1}^{m} \Omega(f_k) \qquad (3\text{-}2\text{-}1)$$

式中,n 為樣本數量;m 為決策樹數量;loss 為真實值 y_i 與預測值 $\hat{y}_i$ 分佈差異對應的損失函數;Ω 為正則化項;f_k 為第 k 棵樹。

模型的複雜度由正則化項控制,見式(3-2-2)。正則化項包括葉子節點數 T 和葉子節點得分 ω,γ 與 λ 為正則化係數。

$$\Omega\left(f_k\right) = \gamma T + \frac{1}{2}\lambda\sum_{j=1}^{T}\omega_j^2 \qquad （3-2-2）$$

我們對目標函數中的損失函數做二階泰勒展開，並使用葉子節點分裂前後的增益作為分裂準則，從而推導出增益的數學形式，如式（3-2-3）所示。

$$\text{Gain} = \frac{1}{2}\left[\frac{G_{\text{L}}^2}{H_{\text{L}}+\lambda} + \frac{G_{\text{R}}^2}{H_{\text{R}}+\lambda} - \frac{\left(G_{\text{L}}+G_{\text{R}}\right)^2}{H_{\text{L}}+H_{\text{R}}+\lambda}\right] - \gamma \qquad （3-2-3）$$

式中，$\dfrac{G_{\text{L}}^2}{H_{\text{L}}+\lambda}$ 和 $\dfrac{G_{\text{R}}^2}{H_{\text{R}}+\lambda}$ 分別為葉子節點切分後左、右節點的得分；$\dfrac{\left(G_{\text{L}}+G_{\text{R}}\right)^2}{H_{\text{L}}+H_{\text{R}}+\lambda}$ 為切分前的得分；G_{L}、G_{R}、H_{L}、H_{R} 分別為左節點損失函數的一階導數、右節點損失函數的一階導數、左節點損失函數的二階導數和右節點損失函數的二階導數，具體的數學形式如式（3-2-4）所示。

$$G_j = \sum_{i\in I_j} g_i, \quad g_i = \partial_{\hat{y}_i^{(t-1)}} \text{loss}\left(y_i, \hat{y}_i^{(t-1)}\right)$$

$$H_j = \sum_{i\in I_j} h_i, \quad h_i = \partial^2_{\hat{y}_i^{(t-1)}} \text{loss}\left(y_i, \hat{y}_i^{(t-1)}\right) \qquad （3-2-4）$$

透過貪婪演算法來最大化目標函數，即最大化節點分裂前後的增益，其對應的特徵和切分點則為最佳特徵和最佳分裂點。與以資訊熵和基尼係數計算增益為基礎的 ID3 演算法和 CART 演算法相比，XGBoost 演算法使用了損失函數的一階和二階導數資訊來計算分裂增益，可以改進基學習器的能力，同時對樹狀結構做預剪枝來避免過擬合，即當節點分裂帶來的增益超過自訂的閾值 γ 時，葉子節點才進行分裂。此外，式（3-2-3）中的 λ 是正則化項中葉子節點得分的係數，在對葉子節點得分做平滑處理的同時，也造成防止過擬合的作用。

3.2.2 SecureBoost 演算法介紹

SecureBoost 演算法要解決的問題，是將多個資料提供方和具備標籤的需求發起方聯合起來，在保證資料不出域的前提下共同訓練模型。同時，與將資料合併在一起訓練時相比，還須保證聯合訓練的模型具備性能無損的特點。在此過程中，SecureBoost 演算法將包括資料對齊、構造 Boost 樹、模型預測和模型性能評估四個方面。

1. 資料對齊

聯邦學習的第一步是資料對齊，其困難在於如何讓隱私資訊在資料對齊的過程中不被曝露。在垂直聯邦學習場景中，SecureBoost 演算法使用了文獻 [51] 中的方法，實現資料參與方在不知道其他方與己方的差集資料的情況下得到交集，從而實現了隱私保護下的資料對齊，相關的計算請參考 2.2 節。

2. 構造 Boost 樹

構造 Boost 樹是在聯邦學習的模式下按 XGBoost 演算法的想法進行樹模型的建構。SecureBoost 演算法的關鍵是在保護資料隱私的前提下，利用全部資訊建構 Boost 樹，這就需要在資料對齊之後，加密傳遞訓練相關的中間值，即損失函數的一階導數 g_i 和二階導數 h_i。而在尋找最佳分裂特徵和分裂點時，演算法需要對葉子節點上樣本的 g_i 和 h_i 進行求和操作，這僅需要加密之後的導數資訊依然保持可加性即可。所以，SecureBoost 演算法採用 Paillier 半同態加密演算法，加密需要跨資料方傳遞的導數資訊，並進行對應計算進而實現特徵分裂 [17]，從而保證了聯邦的 SecureBoost 與 XGBoost 演算法無異。SecureBoost 演算法的葉子節點分裂過程如圖 3-2-1 所示，對應的步驟如下。

圖 3-2-1 SecureBoost 演算法的葉子節點分裂過程

（1） Guest 方以當前節點分別計算一階和二階導數的和，並將所得的結果加密與當前 ID 集合一同傳遞到各個 Host 方。

（2） Host 方遍歷所有變數，以變數為基礎的分箱結果計算統計長條圖，並將不同分裂點加密後的一階梯度 g_i 和二階梯度 h_i 的求和值隨後回傳給 Guest 方。

（3） Guest 方解密求和值，並以當前節點為基礎的一階導數和二階導數的和，計算每個 Host 方各個特徵的不同分裂點的資訊增益。

（4） Guest 方繼續計算自身各個特徵在不同分裂點的資訊增益，並與 Host 方的對應值進行比較，選出最佳分裂點，且將最佳資訊增益結果傳給所有 Host 方。

需要強調的是，根節點的分裂只有 Guest 方可以參與，原因在於防止 Host 方反向推斷標籤資訊。即使 Host 方有足夠的能力，也只能拿到第一個子樹的結果。此外，Guest 方知曉各個節點歸屬於哪一方進行切割，但也僅限於此，Guest 方並不知道切割所使用的特徵及其分裂點。

3. 模型預測

SecureBoost 演算法的預測需要 Guest 方與 Host 方互動才能完成，各方只擁有和維護屬於自己的樹節點，而對其他方掌握的節點資訊不可見。與其他常見的樹模型一樣，SecureBoost 演算法左邊的葉子節點值永遠小於右邊的葉子節點值。

以證券機構信用風險高低的二分類預測為例，介紹 SecureBoost 演算法建構樹的過程中葉子節點如何進行分裂。其中，Guest 方、Host 1 方和 Host 2 方存在交集使用者 {X1,X2,X3,X4,X5}，Guest 方具有因變數信用風險、引數機構類型和公司規模；Host 1 方提供引數註冊資本；Host 2 方提供引數註冊地和經營年限，變數解釋見表 3-2-1。

表 3-2-1 特徵名稱、資料類型和對應的特徵含義

特徵名稱	資料類型	特徵含義
信用風險	整數	信用風險是指交易中的信用違約風險。這裡將風險設定值定義為 0 和 1，0 表示高風險，1 表示低風險
機構類型	字串	機構類型設定值分為中國中央企業、公家機關、民營企業三類
公司規模	整數	公司規模在這裡等於公司的實際人數
註冊資本	整數	註冊資本是指合營企業在登記管理機構登記的資本總額（單位為萬元）
註冊地	字串	註冊地的設定值為中國的各城市
經營年限	整數	經營年限是公司從註冊成立至今的總時長（單位為年）

下面以 {X1,X2,X3,X4,X5} 訓練資料為基礎，利用 SecureBoost 演算法建構的模型進行預測。假設樹結構是圖 3-2-2 中左下方形式。根節點使用的特徵是 Guest 方的公司規模變數，節點分裂的閾值等於 45000，其含義為當測試資料的公司規模小於 45000 人時，樣本資料會進入左邊的葉子節點，反之進入右半支，其他節點依此類推，直到待預測樣本資料進入某個葉子節點，然後利用訓練集在該葉子節點樣本標籤設定值的分佈，選取數量佔比最高的標籤，作為待預測樣本資料的預測標籤。對於這個例子中的樹結構，真正影響信用風險的引數只有公司規模、註冊資本和經營年限。以待

預測樣本資料為例（公司規模為 23632 人，註冊資本為 3128 萬元，經營年限為 7 年），該資料被預測的過程如下。

Guest方			
ID	機構類型	公司規模	信用風險（y值）
X1	民企	53 153人	0
X2	民企	974人	0
X3	央企	62 457人	1
X4	公家機關	31 324人	0
X5	公家機關	6321人	1

Host1方	
ID	註冊資本（萬元）
X1	312
X2	1134
X3	7567
X4	3231
X5	2654

Host2方		
ID	註冊地	經營年限（年）
X1	北京	3
X2	上海	6
X3	北京	8
X4	北京	7
X5	廣州	5

查詢表

Record ID	公司規模	閾值（個）
1	23 632人	45 000

Record ID	註冊資本（萬元）	閾值（萬元）
1	3128	1700

Record ID	經營年限（年）	閾值（年）
1	7	6

圖 3-2-2 SecureBoost 單棵樹節點分裂和預測實例

（1） 在根節點依據 Guest 方的「公司規模」進行分流。

（2） 樣本資料進入左半支後，Host 1 方會根據該節點的「註冊資本」繼續分流該資料。

（3） Host 2 方參照「經營年限」的閾值將資料分流至右半支。

（4） 直到到達葉子節點停止，此時該節點對應的標籤值為 0，所以資料的預測結果也為 0。

4. 模型性能評估

SecureBoost 演算法的性能主要透過誤差收斂速度、單棵樹的深度、資料樣本數和特徵量四項指標來反映。對於誤差收斂速度而言，SecureBoost[50] 演算法與非聯邦的 XGBoost 演算法和 GBDT 演算法，在同一訓練資料樣本下，隨著迭代步數的增加，三者的損失函數的收斂程度幾乎一樣，如圖 3-2-3 所示。這說明了 SecureBoost 演算法的加密/解密過程並沒有損害模型的性能。

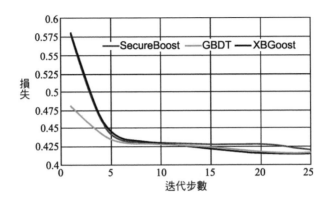

圖 3-2-3 SecureBoost、XGBoost 和 GBDT 演算法的損失隨迭代步數的變化曲線

進一步增加單棵樹的深度，觀察 SecureBoost 演算法的計算時間。如圖 3-2-4（a）所示，SecureBoost 演算法的計算時間與單棵樹的最大深度呈線性關係。這種線性關係對 SecureBoost 演算法的大規模運用具有重要價值，既能針對自身業務需求設定樹的最大深度閾值，也能根據該線性關係預測增加樹深對應的計算時間。SecureBoost 演算法的計算時間隨特徵數量和資料量的變化如圖 3-2-4（b）和（c）所示。根據變化曲線可以看出，當資料量為 30000 個時，隨著特徵數量增加並超過 1000 個，計算時間大幅增加；而當特徵數量為 5000 個時，且隨著資料量增加並超過 10000 個，計算時間也大幅增加。這能幫助我們平衡特徵數量和資料量，進而對特徵數量做取捨，以保證能高效率地訓練模型。

SecureBoost 演算法是聯邦學習場景下，XGBoost 演算法的一種實現方式。該演算法填補了聯邦學習在整合學習領域的空缺。SecureBoost 演算法的本質仍是樹模型，它不僅可以處理分類場景，還可以解決回歸問題。樹模型在應用中的優異模型效果表現和訓練部署的便利性也讓 SecureBoost 演算法成為許多聯邦學習演算法中備受關注的物件之一。

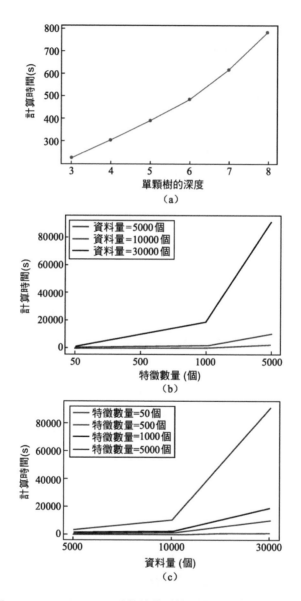

圖 3-2-4 SecureBoost 演算法的計算時間隨參數變化的曲線

3.3 深度學習類演算法的聯邦學習實現方式

3.3.1 深度學習的基本概念

在機器學習發展初期，為了保證樣本數與參數量的平衡，機器學習的模型較為簡單，模型容量相對較低。隨著巨量資料時代的到來，建模樣本得以極豐富，有效地降低了複雜模型面臨的過擬合風險。而為了應對巨量資料量的計算，各類科技手段應運而生，使得電腦的計算能力不斷增強，模型訓練的效率獲得了顯著提升。因此，各類複雜演算法開始得到人們的青睞，深度學習（Deep Learning）就是其中之一。

深度學習是人工智慧（Artificial Intelligence，AI）研究中機器學習（Machine Learning）領域的研究方向。深度學習、機器學習與人工智慧的關係如圖 3-3-1 所示。最典型的深度學習模型是包含多個隱藏層的神經網路或深層神經網路。神經網路（Neural Networks）這一概念最早來自生物學，一般是指生物的大腦中神經細胞組成的網路。而在機器學習領域中提到神經網路時，則更多的是指類神經網路或神經網路學習。類神經網路是機器學習領域與神經網路領域的交集，是由具有適應性的簡單單元組成的廣泛平行互連的網路，它的組織能夠模擬生物神經系統對真實世界物體所做出的互動反應[2]。

神經網路的基本組成單位是神經元（Neuron）。常見的神經網路主要有以下幾個部分：輸入層（Input Layer）、隱藏層（Hidden Layer）和輸出層（Output Layer）。每一層都包含一定數量的神經元，其中隱藏層神經元和輸出層神經元均為擁有啟動函數（Activation Function）的功能型神經元。外界訊號由輸入層神經元進入神經網路，經由隱藏層神經元和輸出層神經元的函數加工，最終由輸出層輸出。深度學習透過多個隱藏層對模型進行逐步訓練，在各隱藏層中反覆進行擬合併逐漸最佳化模型結果。

圖 3-3-1 深度學習、機器學習與人工智慧的關係

科學家對深度學習的研究日漸深入，而這些研究成果也對其他產業和領域的發展產生了深遠影響。舉例來說，在生命科學領域，深度學習可以用於圖型分析、藥物發現、疾病預測及基因定序等。在製造業中，深度學習有助實現汽車的自動駕駛，也可應用於生產以人臉辨識為基礎的智慧型手機、智慧防盜裝置等。而對企業來說，深度學習的價值同樣不容小覷。在企業營運管理中，深度學習能夠支持智慧風控、智慧推薦、智慧行銷等應用場景，包括詐騙集團檢測、推薦系統最佳化、客戶關係管理、廣告瀏覽及點擊預測等。

3.3.2 常用的深度學習演算法介紹

為了說明聯邦深度學習演算法，我們需要先了解一種常用的深度學習演算法——誤差反向傳播演算法。

1. 前饋神經網路（Feedforward Neural Network，FNN）

上文提到，神經網路是由一個個相連的神經元組成的。最簡單的網路結構單層感知機（Perceptron）僅包含兩層：輸入層和輸出層。其中，輸出層

是一個「M-P 神經元模型」。前饋神經網路,也可以被稱作多層感知機
（Multilayer Perceptron，MLP）或深度前饋網路（Deep Feedforward
Network），比單層感知機增加了隱藏層,是一種更常見的神經網路結
構。前饋神經網路通常是全連接的神經網路,即相鄰兩層的神經元之間完
全相連,而不存在同層連接或跨層連接(如圖 3-3-2 所示)。在實際應用
中,與只能用於學習線性可分資料的單層感知機相比,多層感知機可以進
一步學習資料之間的非線性關係,模型的複雜度大大提升,因此應用範圍
更加廣泛。

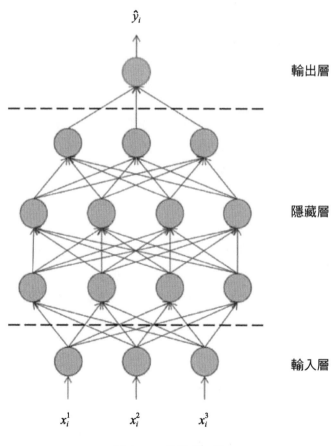

圖 3-3-2 多層感知機

前饋神經網路的目標是使訓練出的模型無限趨近於某個真實函數 $f(\cdot)$。其定義了一個映射 $y = f(x, \theta)$（舉例來說，對分類問題來說，$y = f(x)$ 的含義為將某一個輸入樣本 x 映射到某一個類別 y），並透過對訓練資料的學習得到參數 θ，使得函數的預測結果能夠盡可能近似於真實值。之所以稱為前饋神經網路，是因為這些模型都是前向（Feedforward）的，即從樣本輸入到隱藏層中的計算，再到輸出模型結果，整個流程中並沒有將模型某一層的輸出重新作為該層輸入的回饋（Feedback）連接。若在前饋神經網路的基礎上進一步增加回饋連接，則前饋神經網路演變成為循環神經網路。之所以叫網路（Network），是因為模型中通常複合了多個不同函數。舉例來說，在圖 3-3-2 所示的前饋神經網路中，每一個隱藏層都對應了一個不同的啟動函數 f_1，f_2，f_3。

2. 誤差反向傳播（error Back Propagation，BP）演算法

誤差反向傳播演算法常被用來對前饋神經網路進行訓練。但事實上，誤差反向傳播演算法不僅可用於訓練前饋神經網路，還可用於訓練遞迴神經網路、循環神經網路等其他類型的神經網路。誤差反向傳播演算法以損失函數計算出的模型誤差為依據對模型參數進行最佳化，目標是最小化模型預測誤差。反向傳播演算法有多種最佳化方法，以梯度下降（Gradient Descent）法為例，演算法首先求出損失函數在目標參數（權重）上的梯度運算式和梯度，然後根據一定的學習率（步進值）η 沿目標參數的負梯度方向對該參數進行調整，透過反覆迭代，逐步將參數值調至最佳。參數梯度是目標函數的導數的運算式，即每一層的目標函數的導數乘積（詳見式 3-3-1）。

以圖 3-3-3 所示的前饋神經網路為例，樣本 x_i 透過前饋神經網路的輸入層進入網路，經隱藏層部分的啟動函數逐層計算並傳遞至輸出層，得到模型的預測結果 $\hat{y}_i$，再透過目標函數（損失函數）$\mathcal{L} = \frac{1}{2} \sum_{i=1}^{k} (y_i - \hat{y}_i)^2$（損失函數

可採用均方誤差、交叉熵或其他形式，此處以均方誤差為例）計算模型對所有樣本的預測結果與真實值的總誤差。隨後，將誤差在模型上進行反向傳播，逐層求出目標函數對各神經元權重 v 的偏導數，得到目標函數對權重的負梯度作為更新權重的依據，$\Delta v = -\eta \dfrac{\partial L}{\partial v}$，有

$$\frac{\partial L}{\partial v_{ji}} = \frac{\partial L}{\partial \hat{y}_i} \cdot \frac{\partial \hat{y}_i}{\partial \beta_i} \cdot \frac{\partial \beta_i}{\partial v_{ji}} \qquad\qquad （3\text{-}3\text{-}1）$$

式中，$\beta_i = \displaystyle\sum_{j=1}^{3} v_{ji} h_j$。

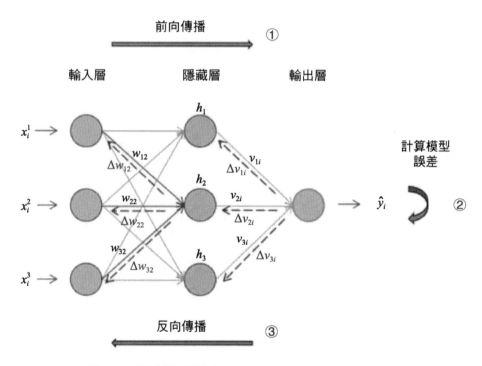

圖 3-3-3　單隱藏層前饋神經網路誤差反向傳播演算法示意圖

在更新權重時，梯度的方向即為使模型誤差擴大的方向，因此在計算 Δv 時需要對梯度反轉，沿負梯度方向更新權重，從而減小由該權重引起的誤

差。而學習率 η 的選取將在很大程度上影響模型訓練的速度和效果,學習率太小會導致模型收斂過慢、模型過擬合或陷入局部最佳解,而學習率太大,則會使目標函數值振盪或跳過全域最佳解。誤差反向傳播演算法的目標是使模型在訓練集資料上的總誤差最小化,即目標函數值最小。當誤差小於設定的閾值時,學習過程終止。

3.3.3 聯邦深度學習演算法介紹

1. 水平聯邦深度學習演算法的實現方式

對部分具有相同或相似業務的企業來説,參與聯合建模的企業往往擁有相同或相似的客戶特徵,只是擁有的客戶群眾互不相同。以銀行為例,不同的銀行擁有各自的客戶群眾,但每家銀行都會對自己的客戶建立類似的客戶畫像,包括客戶的存款特徵、交易特徵、信貸特徵等。因此,透過進行水平聯邦學習,這部分企業可在不洩露客戶資料的情況下提升模型能力。

水平聯邦深度學習是以水平聯邦學習框架為基礎的深度學習演算法實現的。在水平聯邦深度學習演算法框架中,包含兩類參與方。A 方代表擁有相同資料結構(即相同特徵資料和標籤)的 K 個用戶端。B 方作為協調者(Coordinator),聚合 A 方 K 個用戶端上傳的模型參數並向 A 方各用戶端傳遞聚合後的模型參數。在每次迭代中,A 方的各用戶端首先根據自己擁有的樣本資料訓練自己本地的深度學習模型。之後,所有用戶端對各自的模型參數透過隨機隱藏(Random Mask)進行加密,並上傳加密後的模型參數給 B 方。B 方將這些參數進行安全聚合作為聯邦深度學習模型的參數,並將最佳化後的聚合參數發回給所有 A 方。最後,A 方的各用戶端解密聚合參數,並根據解密後的參數更新其本地模型的參數。與傳統深度學習演算法類似,當聯邦模型收斂或整個訓練過程達到預定的最大迭代閾值時,訓練過程將停止。

本節將以聯邦學習框架（Federated AI Technology Enabler，FATE）上水平聯邦深度學習的實現案例 —— 水平聯邦神經網路（Federated Homogeneous Neural Network Framework, Homo-NN，下文以 Homo-NN 代替）為例，對水平聯邦深度學習的實現步驟進行説明。在 Homo-NN 中，各參與方擁有相同的特徵，但各自擁有的樣本不同。各參與方可選擇不同的加密方式（同態加密[52]、差分隱私[17]、秘密共用[43]等），以保證任何參與方都無法透過解密獲得其他參與方擁有的模型。

Homo-NN 採用主從架構，其中包含兩類參與方。A 方代表擁有相同資料結構及相同的深度神經網路結構的各個用戶端。A 方又分為 Guest 方與 Host 方兩個角色。Guest 方是模型訓練任務的觸發者，而 Host 方除了不觸發任務，與 Guest 方大致相同。B 方作為協調者聯合 A 方參數並向 A 方各用戶端傳遞聚合後的參數，A 方用聚合後的參數更新本地深度神經網路模型。圖 3-3-4 展示了 Homo-NN 的實現方式。

（1） 在每次迭代中，A 方的 Guest 方及 k 個 Host 方首先根據自己擁有的樣本資料在本地訓練深度神經網路模型 M^{t-1}，得到新的模型 M_g^t 與 $M_{h_i}^t$。其中，$M_{h_i}^t$ 代表第 i 個 Host 方第 t 次訓練的模型。

（2） 所有參與方將各自的模型參數透過隨機隱藏進行加密，並上傳加密後的模型參數 $[\![M_p^t n_p + R_p^t]\!]\,(p \in \{g, h_1, \cdots, h_k\})$ 和樣本數 n_p 給 B 方。式中，R_p^t 為用戶端 $p\,(p \in \{g, h_1, \cdots, h_k\})$ 的隨機隱藏。隨機隱藏是經過設計的，以保證所有參與方的隨機數加起來是一個零矩陣，從而在對各方上傳的加密參數進行加和時，隨機隱藏會被抵消。

（3） B 方將這些參數進行安全聚合，得到 $M_s^t = \sum_p (M_p^t n_p + R_p^t) = \sum_p M_p^t n_p$，以及總樣本數 $N_s^t = \sum_p n_p^t$，計算新的模型參數 $M^t = M_s^t / N_s^t$，並將聚合後的參數進行加密後發回給所有 A 方。

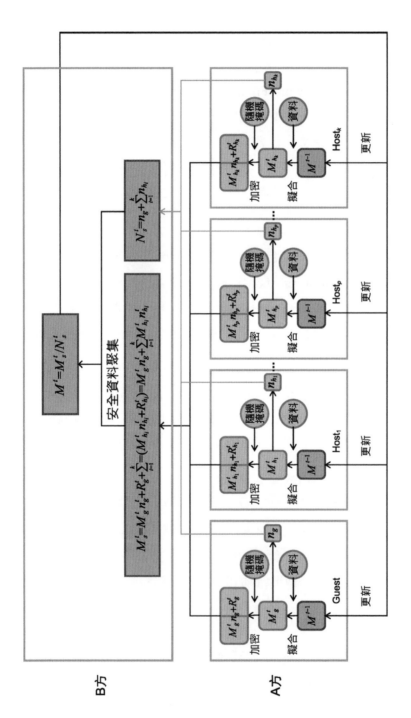

圖 3-3-4 Homo-NN 的實現方式

（4） A 方的各用戶端對收到的參數進行解密，並使用解密後的參數更新其本地模型的參數。

（5） 重複步驟（1）～步驟（4），直到達到停止條件，例如誤差小於閾值或達到預定的迭代次數。

由於模型沒有明文傳輸，除了模型所有者，其他任何一方都無法獲得模型的真實資訊。

2. 垂直聯邦深度學習演算法的實現方式

在更常見的情況下，參與建模的企業擁有不同的特徵，但有相同的客戶群眾。舉例來說，對一個集團的成員企業來說，不同的企業針對不同的業務，但不同的成員企業之間的客戶群眾卻大量重合。在此情景下，透過垂直聯邦深度學習，每個成員企業都可以在不進行資料交換的情況下最佳化各自的深度學習模型。

1）目標函數與演算法

在垂直聯邦深度學習中，假設有兩個參與方。A 方只擁有樣本特徵，資料集為 $D_A := \{(x_i^A)\}_{i=1}^{N_A}$。式中，$x_i^A$ 為 A 方擁有的樣本 i 的特徵組成的 a 維實數向量，$x_i^A \in \mathbf{R}^a$，N_A 為 A 方樣本數量。B 方擁有樣本特徵及標籤，資料集為 $D_B := \{(x_j^B, y_j^B)\}_{j=1}^{N_B}$。式中，$x_j^B$ 為 B 方擁有的樣本 j 的特徵組成的 b 維實數向量，$x_j^B \in \mathbf{R}^b$；N_B 為 B 方樣本數量。A 方與 B 方樣本的重合度較高，但對於每一個樣本，A 方和 B 方擁有的特徵不同。使用隱私保護對齊方式（例如 RSA 公開金鑰加密演算法等）比對 A 方和 B 方共同擁有的樣本。假設 A 方與 B 方共有的樣本集為 $D_{AB} := \{(x_i^A, x_i^B, y_i^B)\}_{i=1}^{N_{AB}}$。式中，$N_{AB}$ 為 A 方與 B 方共有的樣本數量；x_i^A 為 A 方擁有的樣本 i 的特徵組成的 a 維實數向量；x_i^B 為 B 方的特徵組成的 b 維實數向量；y_i^B 為樣本 i 對應的標籤。

垂直聯邦學習模型分為底層模型、互動層模型及頂層模型。A 方與 B 方分別透過自己的神經網路 $\mathrm{Net}^{\mathrm{A}}$、$\mathrm{Net}^{\mathrm{B}}$ 訓練出底層模型的輸出 $\hat{z}_i^{\mathrm{A}} = \mathrm{Net}^{\mathrm{A}}(x_i^{\mathrm{A}})$ 和 $\hat{z}_i^{\mathrm{B}} = \mathrm{Net}^{\mathrm{B}}(x_i^{\mathrm{B}})$。$\mathrm{Net}^{\mathrm{A}}$ 和 $\mathrm{Net}^{\mathrm{B}}$ 的損失函數分別為 ℓ_1^{A}、ℓ_1^{B}。A 方和 B 方神經網路訓練的目標函數如下:

$$\min_{\Theta^p} L_1 = \sum_{i=1}^{N_p} \ell_1(z_i^p, \hat{z}_i^p) \qquad (3\text{-}3\text{-}2)$$

式中,$p \in \{\mathrm{A,B}\}$ 表示 A 方或 B 方,$\Theta^{\mathrm{A}} = \{\theta_l^{\mathrm{A}}\}_{l=1}^{L_{\mathrm{A}}}$ 和 $\Theta^{\mathrm{B}} = \{\theta_l^{\mathrm{B}}\}_{l=1}^{L_{\mathrm{B}}}$ 分別為 A、B 雙方本地神經網路模型 $\mathrm{Net}^{\mathrm{A}}$ 和 $\mathrm{Net}^{\mathrm{B}}$ 的參數。將 $\hat{z}_i^{\mathrm{A}}$、$\hat{z}_i^{\mathrm{B}}$ 進行加權整理後得到 $\hat{z}^{\mathrm{AB}}$。式中,$\hat{z}^{\mathrm{AB}} \in \mathbf{R}^{N_{\mathrm{AB}} \times d}$,d 為底層模型輸出層的神經元個數。將 $\hat{z}_i^{\mathrm{AB}}$ 作為輸入傳入互動層。假設互動層啟動函數為 $g(\bullet)$,則互動層輸出為 $\hat{u}_i = g(\hat{z}_i^{\mathrm{AB}})$,損失函數為 ℓ_2。互動層的目標函數為

$$\min_{\Theta^{\mathrm{A}},\Theta^{\mathrm{B}},\Theta^{\mathrm{g}}} L_2 = \sum_{i=1}^{N_{\mathrm{AB}}} \ell_2(u_i, \hat{u}_i) \qquad (3\text{-}3\text{-}3)$$

式中,Θ^{g} 為啟動函數相關的參數。將互動層輸出作為頂層模型 NetF 的輸入,最終得到結果 $\hat{y}_i = \mathrm{Net}^{\mathrm{F}}(\hat{u}_i) = \mathrm{Net}^{\mathrm{F}}(g(\hat{z}_i^{\mathrm{AB}}))$,損失函數為 ℓ_3。頂層神經網路的目標函數為

$$\min_{\Theta^{\mathrm{A}},\Theta^{\mathrm{B}},\Theta^{\mathrm{g}},\Theta^{\mathrm{F}}} L_3 = \sum_{i=1}^{N_{\mathrm{AB}}} \ell_3(y_i, \hat{y}_i) \qquad (3\text{-}3\text{-}4)$$

式中,Θ^{F} 為頂層模型 $\mathrm{Net}^{\mathrm{F}}$ 相關的參數。綜上所述,垂直聯邦深度學習最終的目標函數可以寫為

$$\min_{\Theta^{\mathrm{A}},\Theta^{\mathrm{B}},\Theta^{\mathrm{g}},\Theta^{\mathrm{F}}} L = L_3 + \lambda_1 L_2 + \lambda_2(L_1^{\mathrm{A}} + L_1^{\mathrm{B}}) \qquad (3\text{-}3\text{-}5)$$

式中,λ_1,λ_2 為權重參數。

最後，透過誤差反向傳播演算法獲得梯度，更新 $\Theta^A, \Theta^B, \Theta^g, \Theta^F$。對於 $p \in \{A, B\}$，可以得到

$$\frac{\partial L}{\partial \theta_l^p} = \frac{\partial L_3}{\partial \theta_l^p} + \lambda_1 \frac{\partial L_2}{\partial \theta_l^p} + \lambda_2 \theta_l^p \qquad （3\text{-}3\text{-}6）$$

$$\frac{\partial L}{\partial \theta^g} = \frac{\partial L_3}{\partial \theta^g} + \lambda_1 \frac{\partial L_2}{\partial \theta^g} \qquad （3\text{-}3\text{-}7）$$

$$\frac{\partial L}{\partial \theta_{l'}^F} = \frac{\partial L_3}{\partial \theta_{l'}^F} \qquad （3\text{-}3\text{-}8）$$

2）垂直聯邦學習的實現

本節將以 FATE 上對垂直聯邦深度學習的實現案例——垂直聯邦神經網路（Federated Heterogeneous Neural Network Framework，Hetero-NN，下文均以 Hetero-NN 代替）為例，對垂直聯邦深度學習的實現步驟進行說明。Hetero-NN 允許擁有部分相同使用者樣本的不同特徵集的多個參與方共同參與一個深度學習過程。所謂異質，即參與方擁有的特徵不同。Hetero-NN 的優點是它提供了與無隱私保護的深度神經網路演算法相同的精確度，同時不洩露每個資料提供者（Private Data Provider）的資訊。Hetero-NN 的實現方式如圖 3-3-5 所示。

其中，A 方（Party A）是被動方，是資料提供者，只提供樣本特徵。A 方在聯邦深度學習框架中扮演用戶端的角色。B 方（Party B）為主動方，同時擁有樣本特徵和標籤。對於有監督的深度學習，標籤資訊是必不可少的，因此 B 方在聯邦深度學習中扮演支配伺服器的角色，負責模型的訓練。雙方的樣本需透過加密方案進行樣本對齊。透過隱私保護協定，參與聯邦學習的各方可以在不洩露其他不重疊的樣本資訊的同時找到它們的共同使用者或資料樣本。

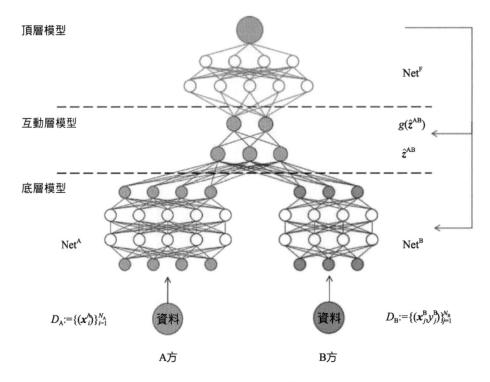

頂層模型 Net^F

互動層模型 $g(\hat{z}^{AB})$

$\hat{z}^{AB}$

底層模型

Net^A Net^B

$D_A := \{(x_i^A)\}_{i=1}^{N_A}$ 資料   資料 $D_B := \{(x_j^B, y_j^B)\}_{j=1}^{N_B}$

A方   B方

圖 3-3-5 Hetero-NN 的實現方式

A 方和 B 方都有各自的底層模型，雙方的神經網路模型不一定相同。雙方在各自模型的基礎上共同建構一個全連接互動層，互動層的輸入是雙方各自模型的輸出的集合。只有 B 方掌握互動層的模型。最後，B 方建立頂層模型，並將互動層的輸出作為頂層模型的輸入，訓練並獲得最終的完整模型。

Hetero-NN 的訓練過程以誤差反向傳播演算法為基礎的基本思想，因此 Hetero-NN 的實現也包括正向傳播和誤差反向傳播兩個過程。具體實現步驟如下：

（1）Hetero-NN 的正向傳播（如圖 3-3-6 所示）。以垂直聯邦學習框架為基礎的前饋神經網路演算法，主要實施方案包括以下 3 個部分。

A方   B方

頂層模型

⑥ $\hat{y}=\text{Net}^{\text{F}}(\hat{\boldsymbol{u}})$

互動層模型

⑤ $\hat{z}^{\text{AB}}=\hat{z}_{w}^{\text{A}}+\varepsilon^{\text{acc}}\times\hat{z}^{\text{A}}+\hat{z}_{w}^{\text{B}}$

④ 解密 $\left[\!\left[\hat{z}_{w}^{\text{A}}+\varepsilon^{\text{B}}\right]\!\right]$

$z_{w}^{\text{A}}+\varepsilon^{\text{B}}+\varepsilon^{\text{acc}}\times\hat{z}^{\text{A}}$ $\longrightarrow$

$\hat{\boldsymbol{u}}=g(\hat{z}^{\text{AB}})$

增加 $\varepsilon^{\text{acc}}\times\hat{z}^{\text{A}}$

$\longleftarrow$ $\left[\!\left[\hat{z}_{w}^{\text{A}}+\varepsilon^{\text{B}}\right]\!\right]$

③ 生成雜訊 ε^{B}

計算 $\left[\!\left[\hat{z}_{w}^{\text{A}}\right]\!\right]=\left[\!\left[\hat{z}^{\text{A}}\right]\!\right]\times w^{\text{A}}$

② $\left[\!\left[\hat{z}^{\text{A}}\right]\!\right]=\text{encrypt}(\hat{z}^{\text{A}})$

$\left[\!\left[\hat{z}^{\text{A}}\right]\!\right]$ $\longrightarrow$

$\hat{z}_{w}^{\text{B}}=\hat{z}^{\text{B}}\times w^{\text{B}}$

底層模型

① $\hat{z}^{\text{A}}=\text{Net}^{\text{A}}(x^{\text{A}})$

① $\hat{z}^{\text{B}}=\text{Net}^{\text{B}}(x^{\text{B}})$

圖 3-3-6 Hetero-NN 的正向傳播[46]

① 底層模型的正向傳播。

A 方將其特徵 x^{A} 輸入自己的底層模型,並獲得底層模型的輸出 $\hat{z}^{\text{A}}=\text{Net}^{\text{A}}(x^{\text{A}})$。

B 方如果有特徵,則將 x^{B} 輸入 B 方底層模型,並獲得底層模型的輸出 $\hat{z}^{\text{B}}=\text{Net}^{\text{B}}(x^{\text{B}})$。

② 互動層模型的正向傳播。

A 方使用加法同態加密演算法對 $\hat{z}^{\text{A}}$ 進行加密,將其標記為 $\left[\!\left[\hat{z}^{\text{A}}\right]\!\right]$,並將加密結果發送給 B 方。

B 方接收到 $\left[\!\left[\hat{z}^{\text{A}}\right]\!\right]$,乘以 A 方模型在互動層的權重 w_{A},得到 $\left[\!\left[\hat{z}_{w}^{\text{A}}\right]\!\right]$,同時將

己方底層模型的輸出 $\hat{z}^B$ 乘以互動層的權重 w_B，得到 $\hat{z}_w^B$。B 方生成雜訊 ε^B，並將 $[\![\hat{z}_w^A + \varepsilon^B]\!]$ 發送給 A 方。

A 方對接收到的結果 $[\![\hat{z}_w^A + \varepsilon^B]\!]$ 進行解密，得到 $\hat{z}_w^A + \varepsilon^B$，並計算累積雜訊 ε^{acc} 與底層模型輸出的乘積，將 $\hat{z}_w^A + \varepsilon^B + \varepsilon^{acc} \times \hat{z}^A$ 發送給 B 方。

B 方用 A 方的結果減去 ε^B 得到 $\hat{z}_w^A + \varepsilon^{acc} \times \hat{z}^A$，並將 $\hat{z}^{AB} = \hat{z}_w^A + \varepsilon^{acc} \times \hat{z}^A + \hat{z}_w^B$（如果 $\hat{z}_w^B$ 存在）輸入互動層的啟動函數 $g(\bullet)$，得到互動層的輸出 $\hat{u} = g(\hat{z}^{AB})$。

③ 頂層模型的正向傳播。
B 方將互動層模型的輸出 $\hat{u}$ 輸入頂層模型中，透過正向傳播演算法，獲得最終的輸出結果 $\hat{y}$。

（2）Hetero-NN 的反向傳播（如圖 3-3-7 所示）。以垂直聯邦學習框架為基礎的反向傳播演算法的主要實施方案包括以下 3 個部分。

① 頂層模型的反向傳播。
B 方用損失函數計算標籤 y^B 與頂層模型輸出 $\hat{y}$ 的誤差 δ，並更新頂層模型。

② 互動層模型的反向傳播。
B 方用 δ 計算互動層啟動函數的輸出 $\hat{u} = g(\hat{z}^{AB})$ 的誤差 δ_{act}。

B 方計算 $\delta_{bottom}^B = \delta_{act} \times w_B$，將結果傳播到己方的底層模型，同時更新 w_B，即 $w_B = w_B - \eta \times \delta_{act} \times \hat{z}^B$。

B 方生成雜訊 ε^B，並將 $[\![\delta_{act} \times \hat{z}^A + \varepsilon^B]\!]$ 發送給 A 方。

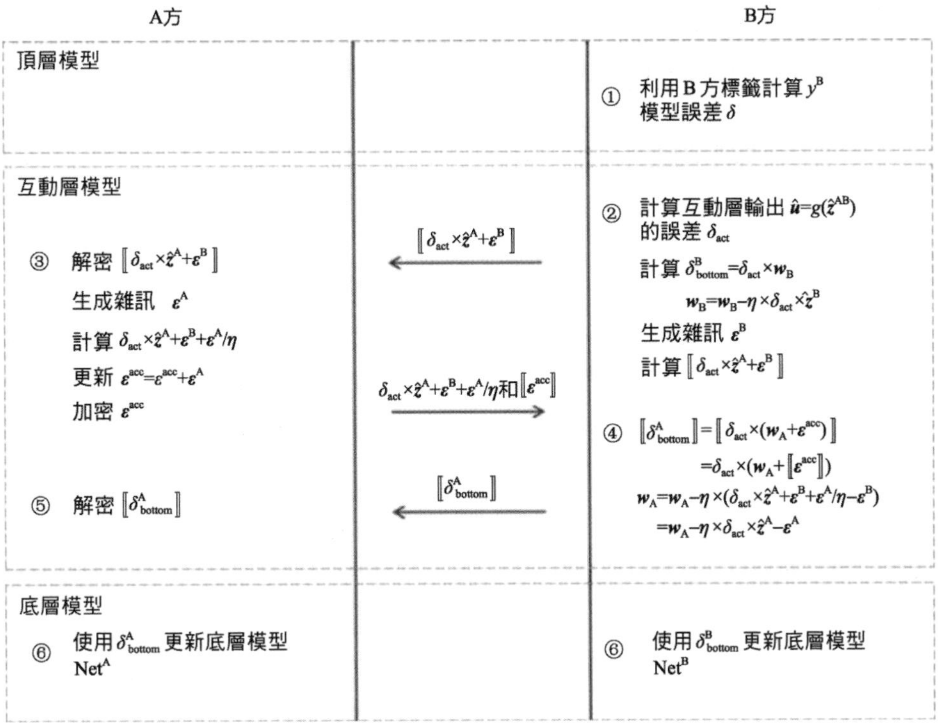

A方   B方

頂層模型

① 利用 B 方標籤計算 y^{B}
模型誤差 δ

互動層模型

$\left[\!\left[\delta_{\mathrm{act}} \times \hat{z}^{\mathrm{A}} + \boldsymbol{\varepsilon}^{\mathrm{B}}\right]\!\right]$

② 計算互動層輸出 $\hat{\boldsymbol{u}} = g(\hat{z}^{\mathrm{AB}})$
的誤差 δ_{act}

③ 解密 $\left[\!\left[\delta_{\mathrm{act}} \times \hat{z}^{\mathrm{A}} + \boldsymbol{\varepsilon}^{\mathrm{B}}\right]\!\right]$ 計算 $\delta_{\mathrm{bottom}}^{\mathrm{B}} = \delta_{\mathrm{act}} \times w_{\mathrm{B}}$

生成雜訊 $\boldsymbol{\varepsilon}^{\mathrm{A}}$ $w_{\mathrm{B}} = w_{\mathrm{B}} - \eta \times \delta_{\mathrm{act}} \times \hat{z}^{\mathrm{B}}$

計算 $\delta_{\mathrm{act}} \times \hat{z}^{\mathrm{A}} + \boldsymbol{\varepsilon}^{\mathrm{B}} + \boldsymbol{\varepsilon}^{\mathrm{A}}/\eta$ 生成雜訊 $\boldsymbol{\varepsilon}^{\mathrm{B}}$

更新 $\boldsymbol{\varepsilon}^{\mathrm{acc}} = \boldsymbol{\varepsilon}^{\mathrm{acc}} + \boldsymbol{\varepsilon}^{\mathrm{A}}$ 計算 $\left[\!\left[\delta_{\mathrm{act}} \times \hat{z}^{\mathrm{A}} + \boldsymbol{\varepsilon}^{\mathrm{B}}\right]\!\right]$

加密 $\boldsymbol{\varepsilon}^{\mathrm{acc}}$

$\delta_{\mathrm{act}} \times \hat{z}^{\mathrm{A}} + \boldsymbol{\varepsilon}^{\mathrm{B}} + \boldsymbol{\varepsilon}^{\mathrm{A}}/\eta \text{ 和} \left[\!\left[\boldsymbol{\varepsilon}^{\mathrm{acc}}\right]\!\right]$

④ $\left[\!\left[\delta_{\mathrm{bottom}}^{\mathrm{A}}\right]\!\right] = \left[\!\left[\delta_{\mathrm{act}} \times (w_{\mathrm{A}} + \boldsymbol{\varepsilon}^{\mathrm{acc}})\right]\!\right]$
$= \delta_{\mathrm{act}} \times (w_{\mathrm{A}} + \left[\!\left[\boldsymbol{\varepsilon}^{\mathrm{acc}}\right]\!\right])$

$w_{\mathrm{A}} = w_{\mathrm{A}} - \eta \times (\delta_{\mathrm{act}} \times \hat{z}^{\mathrm{A}} + \boldsymbol{\varepsilon}^{\mathrm{B}} + \boldsymbol{\varepsilon}^{\mathrm{A}}/\eta - \boldsymbol{\varepsilon}^{\mathrm{B}})$

⑤ 解密 $\left[\!\left[\delta_{\mathrm{bottom}}^{\mathrm{A}}\right]\!\right]$ $\left[\!\left[\delta_{\mathrm{bottom}}^{\mathrm{A}}\right]\!\right]$ $= w_{\mathrm{A}} - \eta \times \delta_{\mathrm{act}} \times \hat{z}^{\mathrm{A}} - \boldsymbol{\varepsilon}^{\mathrm{A}}$

底層模型

⑥ 使用 $\delta_{\mathrm{bottom}}^{\mathrm{A}}$ 更新底層模型 $\mathrm{Net}^{\mathrm{A}}$ ⑥ 使用 $\delta_{\mathrm{bottom}}^{\mathrm{B}}$ 更新底層模型 $\mathrm{Net}^{\mathrm{B}}$

圖 3-3-7 Hetero-NN 的反向傳播

A 方對 $\left[\!\left[\delta_{\mathrm{act}} \times \hat{z}^{\mathrm{A}} + \boldsymbol{\varepsilon}^{\mathrm{B}}\right]\!\right]$ 進行解密，同時生成雜訊 $\boldsymbol{\varepsilon}^{\mathrm{A}}$，計算 $\delta_{\mathrm{act}} \times \hat{z}^{\mathrm{A}} + \boldsymbol{\varepsilon}^{\mathrm{B}} + \boldsymbol{\varepsilon}^{\mathrm{A}}/\eta$，並更新雜訊 $\boldsymbol{\varepsilon}^{\mathrm{acc}} = \boldsymbol{\varepsilon}^{\mathrm{acc}} + \boldsymbol{\varepsilon}^{\mathrm{A}}$。A 方加密 $\boldsymbol{\varepsilon}^{\mathrm{acc}}$，將 $\delta_{\mathrm{act}} \times \hat{z}^{\mathrm{A}} + \boldsymbol{\varepsilon}^{\mathrm{B}} + \boldsymbol{\varepsilon}^{\mathrm{A}}/\eta$ 和 $\left[\!\left[\boldsymbol{\varepsilon}^{\mathrm{acc}}\right]\!\right]$ 發送給 B 方。

B 方收到 $\delta_{\mathrm{act}} \times \hat{z}^{\mathrm{A}} + \boldsymbol{\varepsilon}^{\mathrm{B}} + \boldsymbol{\varepsilon}^{\mathrm{A}}/\eta$ 和 $\left[\!\left[\boldsymbol{\varepsilon}^{\mathrm{acc}}\right]\!\right]$。首先，B 方計算 A 方底層模型輸出結果誤差 $\left[\!\left[\delta_{\mathrm{bottom}}^{\mathrm{A}}\right]\!\right] = \left[\!\left[\delta_{\mathrm{act}} \times (w_{\mathrm{A}} + \boldsymbol{\varepsilon}^{\mathrm{acc}})\right]\!\right] = \delta_{\mathrm{act}} \times (w_{\mathrm{A}} + \left[\!\left[\boldsymbol{\varepsilon}^{\mathrm{acc}}\right]\!\right])$，並將結果發送給 A 方。隨後，B 方更新 w_{A}，即 $w_{\mathrm{A}} = w_{\mathrm{A}} - \eta \times (\delta_{\mathrm{act}} \times \hat{z}^{\mathrm{A}} + \boldsymbol{\varepsilon}^{\mathrm{B}} + \boldsymbol{\varepsilon}^{\mathrm{A}}/\eta - \boldsymbol{\varepsilon}^{\mathrm{B}}) = w_{\mathrm{A}} - \eta \times \delta_{\mathrm{act}} \times \hat{z}^{\mathrm{A}} - \boldsymbol{\varepsilon}^{\mathrm{A}}$。

A 方解密底層模型誤差 $\left[\!\left[\delta_{\mathrm{bottom}}^{\mathrm{A}}\right]\!\right]$，並將誤差 $\delta_{\mathrm{bottom}}^{\mathrm{A}}$ 傳遞回己方的底層模型。

③ 底層模型的反向傳播。

A 方和 B 方分別更新自己的底層模型。

垂直聯邦深度學習的優點主要表現在：允許 B 方（主動方）進行無特徵學習。當 B 方只擁有標籤而 A 方擁有特徵時，依然可以透過垂直聯邦深度學習進行聯合建模；同時，支持在訓練過程中對訓練集和驗證集進行評估。

本節介紹了深度學習相關的基礎概念、演算法，並說明了以水平和垂直聯邦學習框架為基礎的深度學習的實施方法。聯邦深度學習為參與深度學習聯合建模的各方提供了隱私保護，但深度學習本身對於計算能力有較高的要求，在聯邦學習過程中會耗費大量時間，因此如何提升計算效率、降低建模的時間成本是聯邦深度學習亟待解決的問題。

以聯邦學習為基礎的
推薦系統

4.1 資訊推薦與推薦系統

隨著行動網際網路的普及和興起，我們已經被各種資訊流所「淹沒」，從
衣、食、住、行到視訊和簡訊，網際網路從來沒有像今天這樣影響著我們
的生活。與此同時，在浩如煙海的資訊流中，真正獲取對自身有用和感興
趣的內容卻變得更困難。推薦系統就像一個資訊漏斗，透過融合、摘要和
篩選，最終過濾出「價值資訊」來緩解資訊超載的問題。在這背後是「使
用者行為」、「物品資訊」，以及一系列複雜的推薦演算法和策略。它們
共同組成了推薦系統。

推薦系統的主要目標就是將使用者與有限的物品連接起來，在現在的推薦
實踐過程中主要分為兩個階段：召回和排序。在一般的推薦場景下，待推
薦物品資料庫的物品數量非常巨大，達到了千萬件等級甚至更多，但是使
用者所關注的往往只集中在其中一小部分。召回就是根據使用者和物品的
各自特徵，在全量物品資料庫中，先粗篩一遍可能滿足使用者潛在需求的
物品。之後，再進入推薦的第二步 —— 排序。這部分物品的量級一般就是
百十件等級。排序的主要目標是將與使用者興趣符合度高的物品盡可能地

展現在靠前和顯眼的位置，進一步提升使用者體驗。具體到模型層面，比較常用的幾種推薦模型如下。

1. 以內容為基礎的推薦模型

以內容為基礎的推薦模型是智慧推薦系統中最早流行的推薦模型，主要根據使用者歷史上喜歡的物品的屬性特徵，找到與其具有相似特徵資訊的更多物品進行比對，再按照一定的順序推給使用者。舉例來說，在文字推薦中，根據一些文字內容取出使用者感興趣的文章的關鍵字，如「融合演算法、深度學習、推薦系統」，然後根據關鍵字權重計算其他文章內容與其文字的相似度，選取擁有相近內容的文章推薦給使用者（如關於推薦系統的經典模型 "Wide & Deep"）。

2. 以協作過濾為基礎的推薦模型

協作過濾，顧名思義就是利用「物以類聚，人以群分」的思想，充分利用集體智慧，不做過多物品本身的特徵比較，轉而關注使用者與物品的選擇關係。以協作過濾為基礎的推薦根據當前使用者的歷史選擇，找到其他具有相似歷史選擇的使用者（即協作物件），然後將協作物件選過但當前使用者還未選過的其他物品推薦給他。舉例來說，如果已經知道當前使用者看過《金剛狼》《雷神索爾》《綠巨人浩克》《美國隊長》這些電影，我們找到也看過這些電影的其他使用者，而且發現他們大多還看過《水行俠》，那麼當前使用者估計也會想看《水行俠》。

3. 混合推薦模型

混合推薦就是融合協作過濾和內容屬性的推薦，而且在實際的工業系統中兩者通常是混用的，尤其隨著深度學習技術在推薦系統中廣泛應用，多維度資訊結合的特徵工程變得容易。與單純依賴使用者行為的以協作過濾為基礎的推薦相比，混合推薦根據「上下文」資訊取出使用者屬性特徵，增加了資訊量，可以有效地提升推薦品質，而且可以在一定程度上緩解「冷啟動」問題。舉例來説，在以協作過濾為基礎的推薦中，新使用者即使沒有歷史行為，我們也可以根據人口統計學特徵聚類將其分到對應的類別中，然後根據最鄰近客群的歷史行為進行新使用者的物品推薦。

任何推薦模型都離不開對使用者資訊的搜集，既包括使用者的人口統計學資訊，也包括使用者的行為軌跡。當我們正在享受推薦系統帶來的便利時，推薦系統也同時記錄著我們在生活中的各種行為。這種記錄越詳細，推薦系統的個性化表現就越好。這就形成了使用者隱私保護與便利性之間的矛盾，而且在這種矛盾產生的時候，我們首先要保護的無疑是使用者的隱私資料。那麼是否可以在保證使用者隱私不洩露、不出域的情況下，進行推薦模型的訓練呢？聯邦學習提供了一個可行的方向，可以讓不同參與方各自的「使用者」、「物品」，以及「上下文」資訊資料根據整體模型框架，在本地完成各自的訓練任務，再透過密碼學相關演算法得到加密後的全域模型指導各模型參與方。為了能夠更進一步地瞭解聯邦推薦系統，我們首先要了解在推薦場景下用到的兩種演算法：矩陣分解（Matrix Factorization，MF）和因數分解機（Factorization Machine，FM）。

4.2 矩陣分解和因數分解機的實現方式

以協作過濾為基礎的推薦模型是應用得較早而且比較有影響力的經典推薦模型，尤其在工業界被廣泛使用。它以歷史上使用者對部分物品的評價和興趣偏好為基礎，根據過往行為找到使用者間或物品間的相似性，從而列出新的推薦關係。因此它不需要使用者-物品回饋行為以外的任何使用者、物品標籤。舉例來説，以鄰域方法為基礎的協作過濾推薦演算法，有以「使用者」和以「物品」為基礎的兩種演算法。以「使用者」是指「協作」與使用者最相似的多個使用者的選擇，「過濾」出向這個使用者推薦的物品清單，這種演算法被稱為以使用者為基礎的協作過濾演算法。以「物品」是指「協作」與使用者選擇的物品相似的其他物品，「過濾」出可能喜歡這個物品的使用者清單，這種演算法被稱為以物品為基礎的協作過濾演算法。

4.2.1 以隱語義模型為基礎的推薦演算法

以鄰域方法為基礎的推薦演算法運用統計方法做協作過濾，以隱語義模型為基礎的推薦演算法屬於機器學習演算法，主要利用了使用者-物品間的隱藏關聯。以隱語義模型為基礎的推薦演算法，透過學習使用者-物品回饋行為，得到使用者和物品的「隱」屬性，這類似於神經網路中的隱藏層，所以無法解釋「隱」屬性具體是什麼，也無法解釋「隱」屬性與推薦結果有什麼關係。但是它可以透過矩陣相乘獲得新的使用者-物品評分矩陣用於推薦（如圖 4-2-1 所示）。

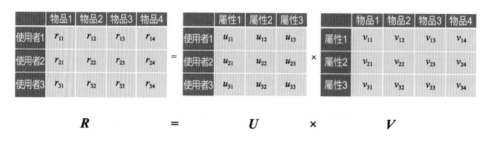

圖 4-2-1 以隱語義模型為基礎的推薦演算法原理

隱語義模型解決了物品標準屬性分類的問題。如果按照個人的主觀想法對物品進行分類，那麼由於人的認知不一樣，有的物品很難定義屬性的類別，並且屬性的權重不一樣，很難指定合適的權重給各個屬性。不同於單獨考驗某項特徵，隱語義模型綜合了使用者-物品多項屬性形成新的隱含方程式，可以更加全面地「度量」使用者對不同物品的興趣，而且相關資訊越豐富，考驗的粒度就越細，類似於神經網路。

4.2.2 矩陣分解演算法

4.2.1 節已經提到矩陣分解是實現以隱語義模型為基礎的推薦演算法的最主要方式。對使用者-物品的關係矩陣進行矩陣分解,生成兩個包含隱含因數的關係矩陣,每一個使用者和物品都會對應到隱向量中,如果使用者向量和物品向量相對應,就可以將物品推薦給使用者。

以一個包含 n 個使用者和 m 個物品的使用者-物品的評分矩陣為例,其中 S 表示所有使用者-物品對組成的集合,用 $r_{i,j} \in \mathbf{R}$ 表示使用者 i 對物品 j 的評分,這樣的興趣評分共有 s 個。矩陣分解演算法可以將使用者和物品都訓練出 $d \in \mathbf{N}$ 個隱屬性,即每個使用者都用一個 $d \in \mathbf{N}$ 維的向量 $\mathbf{u}_i \in \mathbf{R}^d$ 表示,每個物品都用一個 $d \in \mathbf{N}$ 維的向量 $\mathbf{v}_j \in \mathbf{R}^d$ 表示。在不考慮其他額外資訊的時候,使用者 i 對物品 j 的評分可以用 $\mathbf{u}_i$ 和 $\mathbf{v}_j$ 的點積表示,即 $\hat{r}_{i,j} = \langle \mathbf{u}_i, \mathbf{v}_j \rangle$。要訓練出使用者隱屬性矩陣 U 和物品隱屬性矩陣 V,就需要最佳化損失函數,即

$$\min_{U,V} \frac{1}{s} \sum_{(i,j) \in S} (r_{i,j} - \langle \mathbf{u}_i, \mathbf{v}_j \rangle)^2 + \lambda_u \sum_{i \in [n]} \|\mathbf{u}_i\|_2^2 + \lambda_v \sum_{j \in [m]} \|\mathbf{v}_j\|_2^2 \qquad (4\text{-}2\text{-}1)$$

可以看到,損失函數的意義是讓觀察到的興趣評分和推算出來的興趣評分盡可能接近,用均方根誤差去度量。除此以外,加入了正則化項 $\lambda_u \sum_{i \in [n]} \|\mathbf{u}_i\|_2^2 + \lambda_v \sum_{j \in [m]} \|\mathbf{v}_j\|_2^2$ 防止模型過擬合,其中,調整常數 λ_u 和 λ_v 的值可以調節正則化的程度,需要透過實驗找到合適的值。

對於這個目標函數,可以使用機器學習中的隨機梯度下降(SGD)和交替最小平方法(Alternating Least Square,ALS)進行最佳化。兩種最佳化方法相比,SGD 是一種簡單、快速的方法,而 ALS 的平行性能更好。

使用 SGD 迭代計算最佳化參數,直到參數收斂,每一步迭代的形式為

$$u_i^t = u_i^{t-1} - \gamma \cdot \nabla_{u_i} F(U^{t-1}, V^{t-1}) \qquad (4\text{-}2\text{-}2)$$

$$v_j^t = v_j^{t-1} - \gamma \cdot \nabla_{v_j} F(U^{t-1}, V^{t-1}) \qquad (4\text{-}2\text{-}3)$$

式中，γ 為學習速率，$\gamma > 0$。γ 越大，函數值沿梯度方向下降得越多。梯度的計算以下

$$\nabla_{u_i} F(U,V) = -\frac{2}{s} \sum_{j:(i,j)\in S} u_i (r_{i,j} - \langle u_i, v_j \rangle) + 2\lambda_u u_i \qquad (4\text{-}2\text{-}4)$$

$$\nabla_{v_j} F(U,V) = -\frac{2}{s} \sum_{i:(i,j)\in S} v_j (r_{i,j} - \langle u_i, v_j \rangle) + 2\lambda_v v_j \qquad (4\text{-}2\text{-}5)$$

ALS 是一種以最小平方法（Least Square，LS）為基礎的最佳化方法。ALS 透過求解析解，交替更新 U 和 V 來逼近最佳值。由於 U 和 V 都是未知的參數矩陣，損失函數是一個非凸函數，無法透過求導計算全域最佳值。但如果固定 U，對 V 求偏導，使其導數等於 0，就可以得到一個 V 的最佳值；再固定 V，對 U 求偏導，使其導數等於 0，就可以得到一個 U 的最佳值；透過交替固定 U 和 V，反覆迭代，不斷更新直到均方根誤差收斂 [53]。

4.2.3 因數分解機模型

為了排序，推薦模型僅使用使用者的行為特徵是不夠的，還需要使用所有使用者、物品和「上下文」等各維度的特徵。邏輯回歸模型能夠融合各種類型的不同特徵，但不具備特徵交換的能力，表達能力有限，甚至會得出錯誤的結論。在邏輯回歸的基礎上，因數分解機[54]加入了二階特徵交換的部分，提供了針對一個或一群樣本的「局部特徵重要性」。

舉例來說，使用「性別」和「電影類型」兩個特徵的交換特徵「性別+電影類型」，對應「男性+武打片」「女性+愛情片」這類屬性值，更準確地

描述了不同性別對不同電影類型的偏好程度。

同時，類別型的特徵透過 one-hot 編碼的方式轉化為向量形式，不可避免地造成特徵向量中存在大量數值為 0 的特徵維度，從而造成了資料稀疏。因數分解機引入了矩陣分解中隱向量的思想，利用交換特徵生成隱因數。因為對出現過的物品，都可以透過分別訓練再進行點乘得到結果，所以比起依賴於同時出現的協作過濾，因數分解機更適用於稀疏資料。因數分解機模型可以表示為

$$f(\boldsymbol{x}) = w_0 + \sum_{i=1}^{n} w_i x_i + \sum_{i=1}^{n} \sum_{j=i+1}^{n} \langle \boldsymbol{v}_i, \boldsymbol{v}_j \rangle x_i x_j \qquad （4-2-6）$$

式中，x_i 和 x_j 為第 i 個和第 j 個特徵，$w_0 \in \mathbf{R}$ 為全域偏置項，$w_i \in \mathbf{R}^n$ 為第 i 個特徵 x_i 對應的權重。$w_{i,j} = \langle \boldsymbol{v}_i, \boldsymbol{v}_j \rangle$ 是特徵 x_i 和 x_j 交換的權重，其中 $\boldsymbol{v}_i \in \mathbf{R}^k$ 為第 i 個特徵 x_i 對應的 k 維隱向量，$k \in \mathbf{N}$。隱向量間的內積運算定義為 $\langle \boldsymbol{v}_i, \boldsymbol{v}_j \rangle := \sum_{f=1}^{k} v_{i,f} \cdot v_{j,f}$。

將式（4-2-6）的二階交換特徵部分進行推導化簡，可得

$$\sum_{i=1}^{n} \sum_{j=i+1}^{n} \langle \boldsymbol{v}_i, \boldsymbol{v}_j \rangle x_i x_j$$

$$= \frac{1}{2} \sum_{i=1}^{n} \sum_{j=1}^{n} \langle \boldsymbol{v}_i, \boldsymbol{v}_j \rangle x_i x_j - \frac{1}{2} \sum_{i=1}^{n} \langle \boldsymbol{v}_i, \boldsymbol{v}_i \rangle x_i x_i$$

$$= \frac{1}{2} \left(\sum_{i=1}^{n} \sum_{j=1}^{n} \sum_{f=1}^{k} v_{i,f} v_{j,f} x_i x_j - \sum_{i=1}^{n} \sum_{f=1}^{k} v_{i,f} v_{i,f} x_i x_i \right) \qquad （4-2-7）$$

$$= \frac{1}{2} \sum_{f=1}^{k} \left(\left(\sum_{i=1}^{n} v_{i,f} x_i \right) \left(\sum_{j=1}^{n} v_{j,f} x_i \right) - \sum_{i=1}^{n} \sum_{f=1}^{k} v_{i,f}^2 x_i^2 \right)$$

$$= \frac{1}{2} \sum_{f=1}^{k} \left(\left(\sum_{i=1}^{n} v_{i,f} x_i \right)^2 - \sum_{i=1}^{n} \sum_{f=1}^{k} v_{i,f}^2 x_i^2 \right)$$

由此因數分解機的權重參數目由 n^2 個減少為 $nk(k \ll n)$ 個。在得到 $f(\boldsymbol{x})$ 後，與樣本的標籤（即是否點擊）計算二值交叉熵。根據 SGD 進行訓練，訓練的複雜度也降為 nk 等級，對各項計算梯度得

$$\nabla_\theta f(\boldsymbol{x}) = \begin{cases} 1, & \text{if } \theta = w_0 \\ x_i, & \text{if } \theta = w_i \\ x_i \sum_{j=1}^{n} v_{j,f} x_j - v_{i,f} x_i^2, & \text{if } \theta = v_{i,f} \end{cases} \qquad （4\text{-}2\text{-}8）$$

求和部分 $\sum_{j=1}^{n} v_{j,f} x_j$ 獨立於 i，因此可以提前計算出來，根據梯度公式進行逐步迭代最佳化最終可以得到各特徵的一階權重和隱向量。

4.3 聯邦推薦系統演算法

對推薦系統來説，使用者、物品和使用者行為資料是推薦系統的基礎。但是與許多其他產業一樣，關於同一主題的使用者行為可能分散在多個平台之上，而平台間的資料無法自由交換，這直接影響個性化推薦的效果，尤其對於新晉平台的影響更明顯。目前，無論是採用冷啟動的方法，還是採用問卷調查的方式預先了解使用者喜好，都無法極佳地解決資料缺失問題。但是聯邦學習在保證資料安全性和個人隱私的同時，能夠讓歷史資料的資產價值最大化，從而提升推薦服務的品質。

4.3.1 聯邦推薦演算法的隱私保護

在聯邦推薦系統中有兩種常用的隱私保護方法：模糊法（Obfuscation-based Methods）和加密法（Encryption-based Methods）。

模糊法是在將使用者偏好的原始資料上傳到中央伺服器之前，模糊處理，在一定程度上保護了資料隱私（如差異隱私）。模糊法的問題在於，對資料的模糊會影響最終獲得的隱屬性向量的預測能力。因此，在使用這類方法時通常需要在隱私保護和模型預測效果之間進行權衡。

加密法則採用加密方案（如同態加密等），透過對原始資料進行加密來實現隱私保護。加密法不需要犧牲預測能力來保護隱私，但通常需要第三方加密服務提供者的參與。在實際操作場景中，要找到這樣的提供商並不容易，並且要保證第三方加密服務提供者與推薦伺服器之間不存在涉及洩露使用者隱私的私下交易。

為了彌補上述兩種方法的缺陷，聯邦推薦系統採用分散式機器學習結合同態加密的方法。聯邦推薦系統的每個參與方都在本地計算自己的模型梯度，然後將梯度（而非原始資料）進行同態加密並上傳到伺服器進行訓練。由於不需要對原始資料進行模糊處理，因此不會損失預測精度。同時，每個使用者的裝置都可以處理安全梯度計算任務，不需要第三方加密服務提供者的參與。

4.3.2 聯邦推薦系統的分類

推薦系統要發揮作用，首先依賴於使用者、物品和使用者行為三個方面的資料特徵。根據不同推薦系統之間物品和使用者資訊的共用情況，可以將聯邦推薦系統分為水平聯邦推薦系統和垂直聯邦推薦系統。

水平聯邦推薦系統：各參與方具有很多相同或相似的物品，但基礎使用者有差異，所以可以看作以物品為基礎的聯邦推薦系統（如圖 4-3-1 所示）。

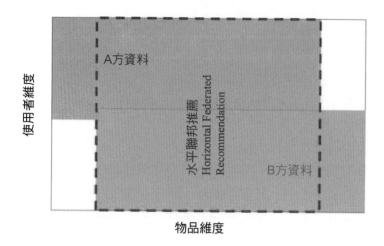

圖 4-3-1 水平聯邦推薦系統的資料分佈[55]

垂直聯邦推薦系統:各參與方具有很多相同或相似的使用者,但是推薦物品不同,所以可以看作以使用者為基礎的聯邦推薦系統(如圖 4-3-2 所示)[55]。

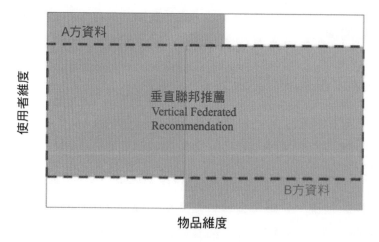

圖 4-3-2 垂直聯邦推薦系統的資料分佈[55]

4.3.3 水平聯邦推薦系統

在水平聯邦推薦系統中，共包含兩類參與方，即資料擁有方和第三方伺服器。資料擁有方擁有使用者對物品的評分。

假設 $A_1, A_2, \cdots, A_n$ 是 n 個資料擁有方，它們擁有不同的使用者群眾及相同的物品。舉例來說，對不同的電影推薦系統來說，它們要推薦的物品是相同的，都是近期上映的所有電影，但不同系統的使用者群眾是不同的（如圖 4-3-3 所示）。部分使用者會出於優惠活動等因素的考量使用多個電影推薦系統，但大多數使用者只會在一個電影推薦系統中選片、購票和寫影評。因此，不同的推薦系統只會有少部分重疊使用者群。在這樣的場景中， $A_1, A_2, \cdots, A_n$ 就可以透過水平聯邦推薦系統來豐富模型訓練資料，獲得更多使用者與物品間的互動資訊，從而增強模型的精確度，提升推薦的效果。

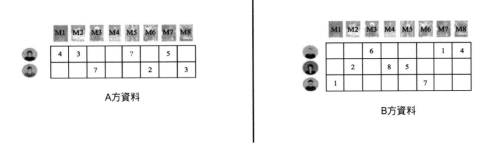

圖 4-3-3 不同使用者在不同推薦系統中對電影的評分資料[55]

1. 水平矩陣分解

水平矩陣分解（Homogeneous Matrix Factorization，HomoMF），顧名思義，即採用 MF 演算法的水平聯邦推薦。以兩方 HomoMF 為例，A、B 雙方的評分矩陣和全域資料如圖 4-3-4 所示。各資料擁有方都可以以本地為基礎的樣本資料進行矩陣分解，獲得各自的使用者隱屬性矩陣（Userprofile）u_i 及物品隱屬性矩陣（Item-profile）v_i，如圖 4-3-5 所示。伺服器作為誠實但好奇（honest but curious）的第三方，負責統一整理、儲存並更新物品隱屬性矩陣。資料擁有方透過解密從第三方伺服器中獲取最新的物品隱屬性矩陣及本地擁有的使用者隱屬性矩陣來預測每個本地使用者對物品的評分 $\langle u_i, v_i \rangle$，從而向使用者進行推薦[55]。

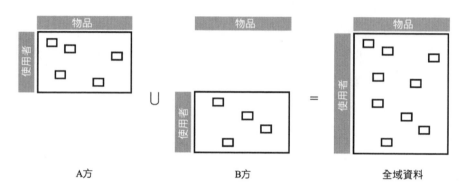

圖 4-3-4 HomoMF 資料分佈示意圖[53]

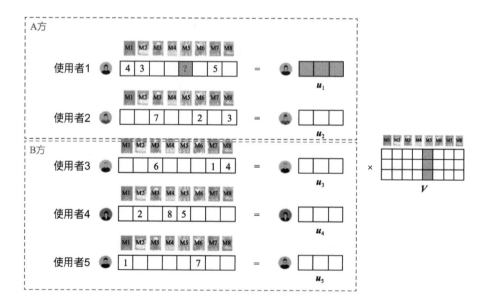

圖 4-3-5 HomoMF 矩陣分解示意圖

HomoMF 的訓練過程如圖 4-3-6 所示。

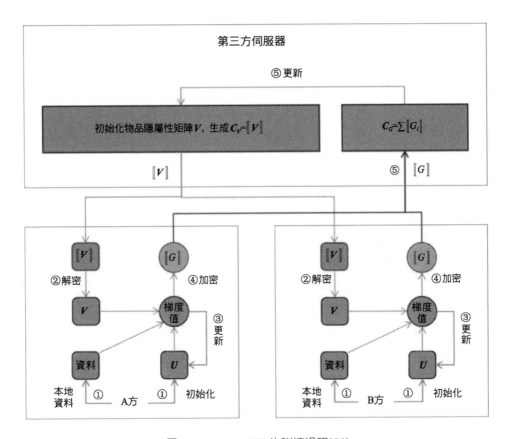

圖 4-3-6 HomoMF 的訓練過程[56]

（1）資料初始化。

- 第三方伺服器初始化物品隱屬性矩陣 V 並加密，獲得加密成為 C_V。

- 資料擁有方初始化使用者隱屬性矩陣 $u_1, u_2, \cdots, u_n$。

（2）對於第 t 次迭代，資料擁有方從伺服器中獲取經過加密的物品隱屬性矩陣 C_V^{t-1}，並透過解密獲得 V^{t-1}。

（3）計算梯度 $G_i^t = \gamma \nabla_{u_i} F(U^{t-1}, V^{t-1})$ 〔見式（4-2-2）〕，並更新本地的使用者隱屬性矩陣 $u_i^t = u_i^{t-1} - \gamma \nabla_{u_i} F(U^{t-1}, V^{t-1})$。

（4）資料擁有方對本地計算出的梯度進行加密得到 $C_{G_i}^t$，並將其傳輸給第三方伺服器。

（5）第三方伺服器匯集所有的梯度 $C_{G_1}^t, C_{G_2}^t, \cdots, C_{G_n}^t$，並更新物品隱屬性矩陣 $C_V^t = C_V^{t-1} - C_{G_i}^t$，更新後的物品隱屬性矩陣 C_V^t 將對所有資料擁有方開放，用於下一次迭代。

（6）重複步驟（2）～步驟（5），直到達到最大迭代次數或目標函數變化量小於閾值。

2. 水平因數分解機

在 4.2 節中介紹過，因數分解機是一種結合二階交換特徵的有監督學習方法。聯邦因數分解機（Federated Factorization Machine）則是基於加密的方法計算多個參與方的交換特徵及其梯度。

水平因數分解機（Homogeneous Factorization Machine, HomoFM）的資料分佈與 HomoMF 類似。資料擁有方 A 方與 B 方各自擁有相同的資料結構、使用者特徵，以及具有相同結構的本地模型，第三方伺服器（協調者）負責聚合各方上傳的加密參數，並將聚合後的參數傳遞回各參與方。各參與方用聚合後的參數更新本地模型。與傳統 FM 相似，當模型收斂或整個訓練過程達到預定的最大迭代閾值時，訓練過程停止（具體流程可參照 GitHub 中 FATE 官方發佈的 "Federated Factorization Machine" 部分內容）。

具體訓練過程如圖 4-3-7 所示。

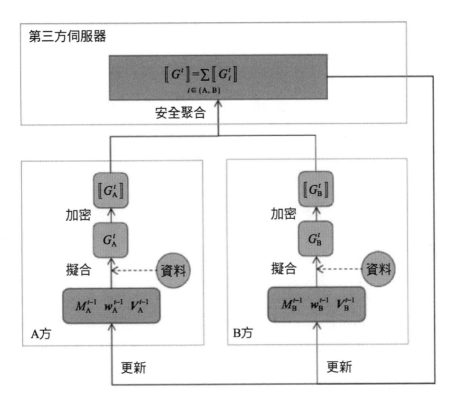

圖 4-3-7 HomoFM 的訓練過程

（1） 在第 t 次迭代中，資料擁有方根據己方的樣本資料和 $t-1$ 步本地模型參數訓練本地 FM 模型，得到新的模型梯度 $G_{w,i}^t$，$G_{V,i}^t$〔詳見式（4-2-8）〕，其中 $i \in \{A, B\}$。

（2） 資料擁有方將各自的模型梯度進行加密，並將加密後的梯度 $[\![G_{w,i}^t]\!]$，$[\![G_{V,i}^t]\!]$（$i \in \{A, B\}$）上傳給第三方伺服器。

（3） 第三方伺服器將這些梯度進行安全聚合，得到聯邦梯度 $[\![G_w^t]\!] = \sum_i [\![G_{w,i}^t]\!]$，$[\![G_V^t]\!] = \sum_i [\![G_{V,i}^t]\!]$，並將這些梯度發回給 A 方和 B 方。

（4） A, B 雙方對收到的參數進行解密，並使用解密後的參數更新其本地模型參數 $w_i^t, V_i^t,$（$i \in \{A, B\}$）。

（5） 重複步驟（1）～ 步驟（4），直到模型收斂或整個訓練過程達到預
定的最大迭代閾值。

4.3.4 垂直聯邦推薦系統

1. 垂直矩陣分解

1）資料分佈

在垂直聯邦矩陣分解（Heterogeneous Matrix Factorization，HeteroMF）
中，同樣包含兩類參與方，即資料擁有方和第三方伺服器。資料擁有方擁
有使用者對物品的評分。

假設 A 方和 B 方是兩個資料擁有方，它們擁有相同的使用者群眾（User）
及不同的物品（Item）。以書籍推薦系統和電影推薦系統為例（如圖 4-3-8
所示），這兩類推薦系統面對的使用者在很大程度上是相互重疊的，且這
兩類系統的使用者偏好也十分近似。舉例來説，喜歡看恐怖小説的人大多
都喜歡看恐怖電影，而常看科幻電影的人也看過不少科幻小説（如圖 4-3-
9 所示）。在這樣的場景下，A、B 雙方就可以透過 HeteroMF 來豐富模型
訓練資料，獲得更多使用者與物品間的互動資訊，從而增強模型的精確
度，提升模型的推薦效果。

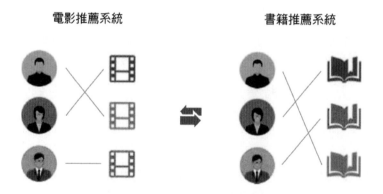

圖 4-3-8 相同使用者與不同物品的互動行為

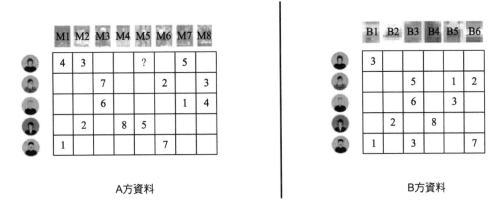

圖 4-3-9 相同使用者在電影推薦系統和書籍推薦系統中的評分資料[55]

在 HeteroMF 中，A、B 雙方的評分矩陣和全域資料如圖 4-3-10 所示。從圖 4-3-10 中可以看出，其實 HeteroMF 與 HomoMF 的資料分佈非常相似。各資料擁有方都可以以本地為基礎的資料進行矩陣分解並獲得各自的使用者隱屬性矩陣 u_i 及物品隱屬性矩陣 v_i，如圖 4-3-11 所示。第三方伺服器統一整理、儲存並更新使用者隱屬性矩陣。資料擁有方透過解密從第三方伺服器中獲取最新的使用者隱屬性矩陣及本地擁有的物品隱屬性矩陣來預測本地使用者對物品的評分 $\langle u_i, v_i \rangle$，從而對使用者進行推薦。

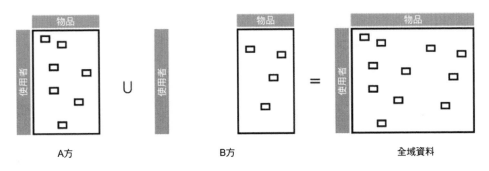

圖 4-3-10 HeteroMF 資料分佈示意圖[53]

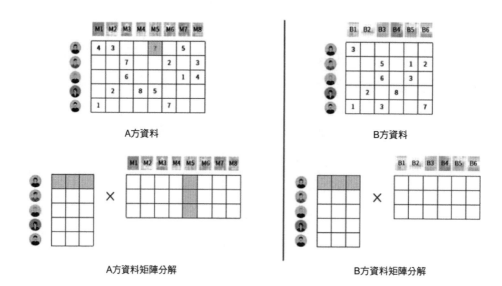

圖 4-3-11 HeteroMF 矩陣分解示意圖[56]

2）模型訓練步驟

HeteroMF 的具體訓練過程如圖 4-3-12 所示（以 SGD 的 MF 演算法為例）：

（1）資料初始化。

① 第三方伺服器初始化使用者隱屬性矩陣 U 並加密，獲得加密成為 C_U。

② 資料擁有方初始化物品隱屬性矩陣 $v_1, v_2, \cdots, v_n$。

③ 矩陣分解目標函數如下，參考式（4-2-1）

$$\min \frac{1}{S}\left[\sum_{(i,j)\in S}\left(r_{i,j}-\left\langle u_i, v_j^A \right\rangle\right)^2 + \sum_{(i,j)\in S}\left(r_{i,j}-\left\langle u_i, v_j^B \right\rangle\right)^2\right] + \lambda \|u\|_2^2 + \mu\left(\|v^A\|_2^2 + \|v^B\|_2^2\right)$$

（2）對於第 t 次迭代，資料擁有方從伺服器中獲取經過加密的使用者隱屬性矩陣 C_U^{t-1}，並透過解密獲得 U^{t-1}。

（3）計算梯度 $G_i^t = \nabla_{v_i} F(U^{t-1}, V^{t-1})$，並更新本地的物品隱屬性矩陣 $v_i^t = v_i^{t-1} - \gamma \nabla_{v_i} F(U^{t-1}, V^{t-1})$。

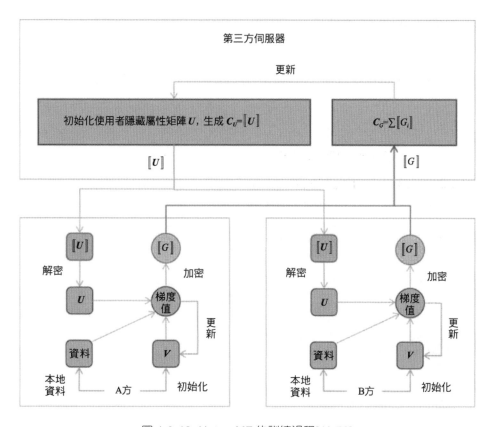

圖 4-3-12 HeteroMF 的訓練過程[43,56]

（4）資料擁有方對本地計算出的梯度進行加密得到 $C_{G_i}^t$，並將其傳輸給第三方伺服器。

（5）第三方伺服器匯集所有的梯度 $C_{G_1}^t, C_{G_2}^t, \cdots, C_{G_n}^t$，並更新使用者的隱屬性矩陣 $C_U^t = C_U^{t-1} - C_{G_1}^t - C_{G_2}^t - \cdots - C_{G_n}^t$，更新後的使用者隱屬性矩陣 C_U^t 將對所有資料擁有方開放，用於下一次迭代。

（6）重複步驟（2）～步驟（5），直到達到最大迭代次數或目標函數變化量小於閾值（具體流程可參照 GitHub 中 FATE 官方發佈的 "matrix factorization" 部分內容）。

2. 垂直因數分解機

1) 資料分佈

垂直因數分解機（Heterogeneous Factorization Machine，HeteroFM）解決的問題場景與 HeteroMF 不完全相同。各參與方同樣擁有相同使用者，但此時各方擁有的使用者特徵不同。同樣以電影推薦場景為例，如圖 4-3-13 所示，A 方是一個電影推薦系統，擁有使用者對電影的評分，以及評分的時間。B 方是一個社交平台，擁有這些使用者之間的社群網站關係。C 方是電信業者，擁有使用者的地理位置資訊等。在這種場景中，要想利用交換特徵進行建模，就需要採用 HeteroFM 的方法。

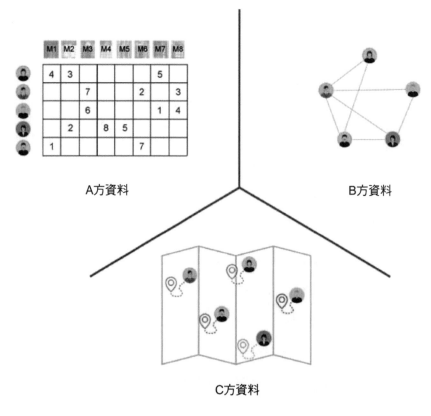

圖 4-3-13 HeteroFM 各方資料情況

我們將 HeteroFM 的參與方簡化為三方：A 方代表主人（Host），B 方代表客人（Guest），C 方是誠實但好奇的第三方協調者（Arbiter），負責生成私密金鑰和公開金鑰。如圖 4-3-14 所示，A 方擁有使用者對物品的評分及使用者的部分特徵，B 方擁有使用者的部分輔助特徵。HeteroFM 分別計算各參與方內部的交換特徵與跨參與方的交換特徵，並透過第三方進行安全聚合，從而在保護雙方資料隱私的情況下利用雙方特徵提升模型的推薦效果。

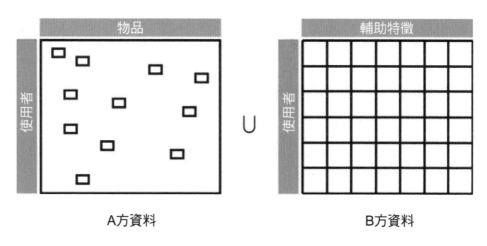

圖 4-3-14　HeteroFM 資料分佈示意圖[53]

2）HeteroFM 的預測模型及損失函數

HeteroFM 需要解決的主要問題是處理跨參與方的交換特徵。在 4.2 節中介紹過因數分解機的預測模型和損失函數。在聯邦學習場景中，假設 A 方有 p 個訓練樣本，一筆記錄為一個樣本；B 方有 q 個訓練樣本，以使用者唯一標識（例如使用者號）做區分，一個使用者號對應一筆記錄，A、B 雙方的樣本資料使用使用者號進行對齊。經過最佳化後，HeteroFM 的預測模型如式（4-3-1）所示。預測函數由 3 個部分組成：在 A 方和 B 方各自內部進行的特徵交換，以及 A 方和 B 方之間的特徵交換[43]。

$$f([\boldsymbol{X}_p^{(A)};\boldsymbol{X}_q^{(B)}]) = f(\boldsymbol{X}_p^{(A)}) + f(\boldsymbol{X}_q^{(B)}) + \sum_{i,j}\left\langle \boldsymbol{v}_i^{(A)}, \boldsymbol{v}_j^{(B)}\right\rangle x_{p,i}^{(A)} x_{q,j}^{(B)}$$

$$= f(\boldsymbol{X}_p^{(A)}) + f(\boldsymbol{X}_q^{(B)}) + \sum_i\sum_j\sum_{f=1}^{k} v_{i,f}^{(A)} v_{j,f}^{(B)} x_{p,i}^{(A)} x_{q,j}^{(B)} \qquad (4\text{-}3\text{-}1)$$

$$= f(\boldsymbol{X}_p^{(A)}) + f(\boldsymbol{X}_q^{(B)}) + \sum_{f=1}^{k}\left(\sum_i v_{i,f}^{(A)} x_{p,i}^{(A)}\right)\left(\sum_j v_{j,f}^{(B)} x_{q,j}^{(B)}\right)$$

式中，$\boldsymbol{X}_p^{(A)}$ 為 A 方第 p 個樣本資料；$\boldsymbol{X}_q^{(B)}$ 為 B 方第 q 個樣本資料（與 A 方使用者號相同的樣本資料）；$v_i^{(A)} \in \mathbf{R}^k$ 為 A 方第 i 個特徵對應的 k 維隱向量；$v_j^{(B)} \in \mathbf{R}^k$ 為 B 方第 j 個特徵對應的 k 維隱向量。

因數分解機的損失函數在聯邦學習場景中則如式（4-3-2）所示。

$$l([\boldsymbol{W}^{(A)};\boldsymbol{W}^{(B)}],[\boldsymbol{V}^{(A)};\boldsymbol{V}^{(B)}])$$

$$= \frac{1}{2n^{(A)}}\sum_{p=1}^{n^{(A)}}(y_p - f([\boldsymbol{X}_p^{(A)};\boldsymbol{X}_q^{(B)}]))^2 + \frac{\alpha}{2}\Omega([\boldsymbol{W}^{(A)};\boldsymbol{W}^{(B)}],[\boldsymbol{V}^{(A)};\boldsymbol{V}^{(B)}]) \qquad (4\text{-}3\text{-}2)$$

式中，y_p 為 A 方第 p 個樣本的評分；α 為超參數；Ω 為正則化項；$\boldsymbol{W}^{(A)}$、$\boldsymbol{W}^{(B)}$ 分別為參數 $w_i^{(A)}$ 和 $w_j^{(B)}$ 組成的向量；$\boldsymbol{V}^{(A)}$、$\boldsymbol{V}^{(B)}$ 分別為向量 $v_i^{(A)}$ 和 $v_j^{(B)}$ 組成的矩陣；$w_i^{(A)}$ 為 A 方第 i 個特徵在函數 $f(\cdot)$ 中訓練出的權重 w（函數 $f(\cdot)$ 詳見式（4-2-6）；$w_j^{(B)}$ 為 B 方第 j 個特徵在函數 $f(\cdot)$ 中訓練出的權重 w。

3）模型訓練過程

HeteroFM 的模型訓練過程如圖 4-3-15 所示。

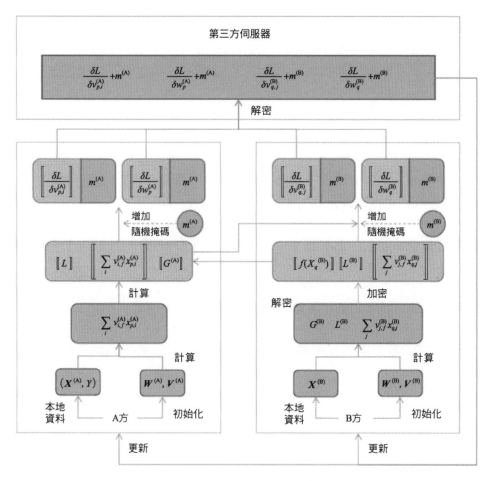

圖 4-3-15 HeteroFM 的訓練過程[55]

（1）資料擁有方 A 方和 B 方分別初始化各自的模型，生成初始模型的參數 W,V。

（2）在每輪迭代中都進行以下操作。

① B 方以自己為基礎的本地資料和參數模型計算部分預測值和部分損失值，並將結果進行同態加密發送給 A 方。

② A 方以自己的本地模型和資料為基礎計算部分預測值，也進行同態加密，結合 B 方同態加密後的指標結果，加密計算出對應的預測值，並結合訓練集中的評分資料帶入損失函數計算梯度，最後將 B 方用到的部分梯度和損失函數傳回 B 方。

③ B 方接收 A 方發來的資料後計算己方梯度。

④ A 方和 B 方在完成梯度計算後，分別將結果透過隨機隱藏進行加密，並將加密後的結果發送給第三方伺服器。

⑤ 第三方伺服器對同態加密結果進行解密，並整理梯度發回給 A 方和 B 方。

⑥ A 方和 B 方從收到的梯度結果中去除自己的隨機隱藏，更新本地模型。

（3）訓練過程不斷循環步驟（2），直到模型收斂或達到最大的迭代次數。

4）模型預測過程

經過模型訓練後，學習出的模型對新樣本的評分預測時同樣需要 A 方和 B 方共同參與，預測的過程如圖 4-3-16 所示。

（1）A 方和 B 方以本地模型和特徵值為基礎計算各自的原始特徵和特徵交換結果

$$w_0^{(A)} + \sum_i w_i^{(A)} x_i^{(A)} \; , \; \sum_{i,j,i<j} \left(\boldsymbol{v}_i^{(A)}, \boldsymbol{v}_j^{(A)} \right) x_{p,i}^{(A)} x_{p,j}^{(A)} \; , \; w_0^{(B)} + \sum_i w_i^{(B)} x_i^{(B)} \; ,$$

$$\sum_{i,j,i<j} \left(\boldsymbol{v}_i^{(B)}, \boldsymbol{v}_j^{(B)} \right) x_{q,i}^{(B)} x_{q,j}^{(B)} \; ,$$

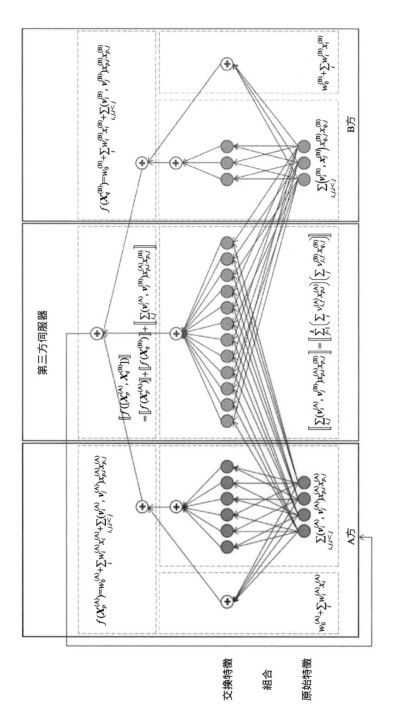

圖 4-3-16　HeteroFM 模型預測過程示意圖

以及跨合作方的特徵交換結果中與各自相關的部分 $\sum_{i} v_{i,f}^{(A)} x_{p,i}^{(A)}$ ，

$\sum_{j} v_{j,f}^{(B)} x_{q,j}^{(B)}$ ，並加密發送給第三方伺服器。

（2）第三方伺服器整理加密結果進行加和，計算得到模型最終預測結果 $\left[\!\left[f([\boldsymbol{X}_p^{(A)}; \boldsymbol{X}_q^{(B)}]) \right]\!\right]$。

（3）第三方伺服器將最終預測結果發送給 A 方，A 方經過解密後即可使用。

聯邦學習應用之資料
要素價值

5.1 聯邦學習貢獻度

5.1.1 背景介紹

聯邦學習系統在滿足資料隱私安全和監管的要求下，使得多個參與方聯合資料建立共有的模型，並且共同分享收益。對整個聯邦系統來說，當有更多的參與方貢獻樣本案例或特徵時，將有助提升模型效果。為了鼓勵更多的資料方積極參與其中，制定一種公平公正的聯邦收益分配機制是聯邦學習順利實踐和擴大影響力的關鍵。聯邦學習的目標是資料價值的聯合，傳統的透過資料量來衡量各參與方貢獻的方式，在資料不能交換的情形下，已經不能令其他參與方滿意，因為某一方的資料可能並沒有對建模產生幫助，或產生的貢獻很小。收益分配需要透過其他合理化的方式進行。一種建模角度的分配方式，可以透過計算參與方對模型性能的貢獻來決定。水平聯邦學習使用缺失法計算各方貢獻，垂直聯邦學習使用 Shapley 值計算各方貢獻，下面將詳細介紹這兩種方法。

5.1.2 以缺失法為基礎的貢獻度計算

對水平聯邦學習來說，各參與方的資料特徵重合而使用者不重合，即參與方可以獨自進行建模，聯邦的優勢是加入了更多的樣本類型，使得模型效果更堅固和更好。用缺失法則可以辨識各參與方貢獻樣本的重要性，具體的做法是從訓練樣本中刪除來自某實例的樣本後重新訓練模型並測算新模型的預測效果較之前有多少變化[57]。假設評估第 i 個實例對模型預測結果的影響，其值可表示以下

$$\phi^{-i} = \frac{1}{n} \sum_{j=1}^{n} | \hat{y}_j - \hat{y}_j^{-i} |$$

式中，n 為樣本數大小；$\hat{y}_j$ 為第 j 個實例的預測結果；$\hat{y}_j^{-i}$ 為當第 i 個實例被忽略時新模型的預測結果。在水平聯邦時，假設該參與方貢獻的資料集合為 D，則其對模型的影響可定義為

$$\phi^{-D} = \sum_{i \in D} \phi^{-i}$$

這裡使用近似估計來實現，演算法邏輯如下。

演算法 1：近似估計對水平聯邦中每個參與方的影響

輸入：

參與方數量：K，模型：f

樣本實例子集：$D_1, D_2, \cdots, D_K$

輸出：

每個樣本實例對模型的影響 ϕ^{-D_K} 對於 $k = 1, 2, \cdots, K$

開始迴圈 for $k = 1, 2, \cdots, K$

  從全量訓練樣本中刪除資料集合 D_K

重新訓練模型 f'

計算影響 $\phi^{-D_K} = \dfrac{1}{n}\sum_{j=1}^{n}\left|\hat{y}_j - \hat{y}_j^{-D_K}\right|$

結束迴圈

返回各參與方的 ϕ^{-D_K}

5.1.3 以 Shapley 值為基礎的貢獻度計算

對垂直聯邦學習來説，在訓練模型時各參與方的資料特徵不完全相同而使用者相同，各參與方的貢獻度可以透過計算各自特徵對模型輸出的貢獻進行量化。下面先介紹如何度量單一特徵的貢獻，然後把計算邏輯擴充到多維特徵的情況[58]。

我們通常比較關心在具體的樣本中每個特徵如何影響模型的預測。對線性模型來説，

$$\hat{f}(x) = \beta_0 + \beta_1 x_1 + \cdots + \beta_p x_p$$

式中，β_i 為模型係數；x_j 為特徵變數 X_j 的樣本設定值。對於每個 $x_j(j=1,2,\cdots,p)$，定義第 j 個特徵對樣本預測的貢獻為 ϕ_j，即

$$\phi_j(\hat{f}) = \beta_j x_j - E(\beta_j X_j) = \beta_j x_j - \beta_j E(X_j)$$

式中，$E(\beta_j X_j)$ 為特徵變數 X_j 的預測效應估計的平均值。貢獻是特徵效應和平均效應的差值，貢獻值可能為負。不限於線性模型，一般的機器學習模型都可以利用以 Shapley 值為基礎的相似方法計算特徵貢獻。

Shapley 值來自聯盟博弈論，它提供了如何在特徵之間公平地分配總貢獻的方案。對於具體實例的特徵變數 x_j，其 Shapley 值是該特徵在所有可能

的特徵組合上對總預測貢獻的加權和，即

$$\phi_j = \sum_{S \subseteq \{x_1, x_2, \ldots, x_p\} \setminus \{x_j\}} \frac{|S|!(p - |S| - 1)!}{p!} (\text{val}(S \cup \{x_j\}) - \text{val}(S))$$

式中，p 為模型訓練中所有特徵的個數；S 為模型使用的特徵組成的集合的子集；x 為要解釋的實例的特徵變數；$\text{val}_x(S)$ 為對特徵子集 S 中特徵設定值貢獻的預測。以樹模型為例，$\text{val}_x(S)$ 是只利用特徵子集 S，根據樹的結構、葉子節點的設定值和葉子節點對應邊的權重等計算出的貢獻平均值。$\frac{|S|!(p-|S|-1)!}{p!}$ 是根據特徵子集 S 中是否包含特徵 x_j 的樣本所計算的兩者設定值之差的權重。

Shapley 值分配策略滿足以下 4 個性質，這也反映了其公平分配的定義：

■ 效益性：所有特徵的特徵貢獻之和等於預測值與其平均值的差。

■ 對稱性：若兩個特徵分別與任何相同組合聯合後貢獻相同，則這兩個特徵的特徵值相同。

■ 虛擬性（冗員性）：若將一個特徵與任何特徵組合聯合都不會改變集合原有特徵值的預測結果，則該特徵的 Shapley 值為 0。

■ 可加性：對特徵（組合）在整合模型的特徵貢獻，其值為該特徵（組合）在單一模型中的特徵貢獻之和。也就是説，單一模型的特徵貢獻與其他模型都無關。舉例來説，訓練一個隨機森林模型，其預測值是其中許多決策樹的平均值，可加性保證了隨機森林的特徵的 Shapley 值為每棵決策樹的 Shapley 值的平均值。

在實際應用中，若要得出特徵 j 精確的 Shapley 值，需對含有第 j 個特徵和不含第 j 個特徵的所有可能的特徵組合進行估計。因此，當特徵較多時這

些特徵組合的數量將呈現指數級增長,在專案實踐中實現較為困難。為了解決這一問題,我們可以採用蒙地卡羅抽樣的近似演算法,即

$$\hat{\phi}_j = \frac{1}{M}\sum_{m=1}^{M}(\hat{f}(x_{+j}^m) - \hat{f}(x_{-j}^m))$$

式中,$\hat{f}(x_{+j}^m)$ 是 x_{+j}^m 的預測值,而 x_{+j}^m 是這樣構造的:每次取隨機數量的特徵,除了特徵 j 的值,其他特徵值被來自隨機選取的資料樣本 z 的對應特徵值替換。向量 x_{-j}^m 與 x_{+j}^m 幾乎一致,與 x_{+j}^m 的不同僅是 j 的特徵設定值被隨機選取的資料樣本 z 的特徵 j 設定值所替換。其中,對單一特徵的 Shapley 值的蒙地卡羅抽樣近似計算過程見演算法 2。

演算法 2:對單一特徵的 Shapley 值的蒙地卡羅抽樣近似計算

輸入

  迭代次數 M ,資料 X ,模型 f ,特徵,特徵索引 i,j

輸出

  第 i 個特徵貢獻的 Shapley 值

開始迴圈 for $m=1,2,\cdots,M$

從資料 X 中隨機取出實例 z ,

生成特徵的隨機置換,

由此建構兩個新實例:

有特徵 j : $x_{+j} = (x_{(1)},\ldots,x_{(j-1)},x_{(j)},z_{(j+1)},\ldots,z_{(p)})$

沒有特徵 j : $x_{-j} = (x_{(1)},\ldots,x_{(j-1)},z_{(j)},z_{(j+1)},\ldots,z_{(p)})$

計算邊際貢獻: $\phi_j^m = \hat{f}(x_{+j}) - \hat{f}(x_{-j})$

結束迴圈

計算平均值作為 Shapley 值: $\phi_j(x) = \dfrac{1}{M}\sum_{m=1}^{M}\phi_j^m$

上面簡要說明了水平和垂直聯邦學習系統如何分別計算參與方的貢獻，對應的計算方法適用於大部分機器學習模型，可以有效地量化參與方的貢獻。此外，在未來的商業應用中，在考慮合作方貢獻分配的同時，另一個挑戰是評估聯邦的代價成本，結合貢獻和成本共同衡量各方的綜合收益。

5.2 以聯邦學習為基礎的資料要素交易

5.2.1 資料要素交易的背景與現狀

資料已經被認定為基礎性戰略資源和關鍵生產要素，是經濟社會發展的基礎性資源，也是新一輪科技創新的引擎。數位化轉型是促進產業升級的關鍵因素，而要實現數位化轉型，一個很重要的方面就是要實現資料資產的最佳化設定。然而，目前普遍存在的資料分佈不均衡和「資料孤島」問題，直接導致資料的巨大價值無法充分表現。

以這樣的情況，就自然而然地孕育了資料共用的巨大市場需求。當然，資料共用不是一蹴而就的。在資料共用的過程中，還有很多問題待解決，包括資料所有權確認、資料權利邊界劃分、權益分配規則不清晰，以及資料安全沒有保障等。制定合理的資料共用規範、利用技術手段確保資料安全、解決資料所有權確認和使用邊界等問題，對於推動資料合法符合規範共用、金融產業高效和高品質發展，具有重要的現實意義。

資料共用的原動力是資料價值，既然涉及價值，就必然使共用過程伴隨著資料作為要素的定價和交易過程。這樣的定價和交易是實現資料共用的一種重要的模式，目前已經出現了數十家資料交易平台。

表 5-2-1 列舉了一些中國影響力較大的資料交易平台[59]。可以看出，當前的資料交易平台主要有第三方資料交易平台和綜合資料服務平台兩種類

型。其中，第三方資料交易平台主要提供資料資產的交易、查詢和需求發
佈等服務。綜合資料服務平台在這些服務之外，還常常提供一些資料探勘
建模和模型線上運行等技術服務。資料交易平台的資料來源和領域覆蓋得
也比較廣，資料來源包括政府公開的資料、資料提供方提供的資料、企業
內部資料、網頁爬蟲資料、網際網路開放資料等，領域包括政務、經濟、
交通、通訊、商業、農業、工業、環境、醫療等。提供資料服務或產品的
方式有 API、資料套件、資料產品、資料訂製服務、解決方案等。

表 5-2-1 影響力較大的資料交易平台

資料交易平台名稱	啟動時間	類型	資料來源	產品類型	相關的主要領域
貴陽巨量資料交易所	2014 年 12 月	綜合資料服務平台	政府公開的資料、企業內部資料、網頁爬蟲資料	API、資料套件	政務、經濟、教育、環境、法律、醫療、交通、商業、工業
陝西西咸新區巨量資料交易所	2015 年 08 月	綜合資料服務平台	政府公開的資料、企業內部資料、資料提供方提供的資料、網頁爬蟲資料	API、資料套件	政務、經濟、人文、交通
武漢東湖巨量資料交易中心	2015 年 07 月	綜合資料服務平台	政府公開的資料、企業內部資料	資料套件、解決方案、雲端服務	政務、經濟、環境、法律、醫療、人文、交通
華中巨量資料交易所	2015 年 11 月	第三方資料交易平台	資料提供方提供的資料	API、資料套件	經濟、教育、環境、醫療、交通、通訊、農業
上海巨量資料交易所	2015 年 10 月	第三方資料交易平台	資料提供方提供的資料	資料套件	政務、經濟、人文、交通、商業

資料交易平台名稱	啟動時間	類型	資料來源	產品類型	相關的主要領域
江蘇巨量資料交易中心	2015 年 11 月	綜合資料服務平台	政府公開的資料、資料提供方提供的資料、網頁爬蟲資料	API、資料套件、資料訂製服務、解決方案、資料產品	政務、教育、法律、醫療、人文、商業
資料堂	2011 年	綜合資料服務平台	政府公開的資料、企業內部資料、資料提供方提供的資料、網頁爬蟲資料	資料套件、資料訂製服務、資料產品	環境、地理、人文、交通
數多多	2013 年	綜合資料服務平台	網頁爬蟲資料	資料套件、資料訂製服務	經濟、教育、人文、商業
中關村數海巨量資料交易平台	2014 年 2 月	第三方資料交易平台	資料提供方提供的資料	API	政務、經濟、教育、環境、醫療、交通
發源地	2015 年 9 月	第三方資料交易平台	資料提供方提供的資料	API、資料套件、擷取規則	經濟、教育、醫療、人文、交通、商業
貴州資料寶網路科技有限公司	2016 年 4 月	綜合資料服務平台	政府公開的資料、資料提供方提供的資料	API、解決方案	經濟、法律、交通、通訊、商業
阿里雲 API 市場	2016 年	綜合資料服務平台	政府公開的資料、資料提供方提供的資料、合作夥伴的資料	API、資料應用、資料訂製服務、解決方案	交通地理，電子商務及金融理財類，生活服務及人工智慧
京東萬象	2016 年	綜合資料服務平台	企業內部資料、資料提供方提供的資料、合作夥伴的資料	API、資料套件、資料訂製服務、解決方案、資料產品	經濟、人文、交通、人工智慧、商業

資料交易平台名稱	啟動時間	類型	資料來源	產品類型	相關的主要領域
數糧巨量資料交易平台	2016 年 7月	第三方資料交易平台	資料提供方提供的資料	API、資料套件、資料訂製服務	經濟、教育、環境、醫療、人文、交通、通訊、商業、農業、工業
聚合資料	2018 年	綜合資料服務平台	企業內部資料、網頁爬蟲資料、網際網路開放資料	API、資料訂製服務、解決方案、資料產品	經濟、人文、地理、交通、人工智慧

這些資料交易平台在一定程度上促進了資料的有效流通，為資料需求方和提供方提供了互動平台。隨著資料安全和個人資訊保護方面監管日趨嚴格，資料交易平台面臨著全新的外部環境，需要透過新技術和新方法實現「資料可用不可見，資料不動價值動」，提升資料安全性，明確責任和權益，從而建構支持跨機構、跨市場、跨領域的資料安全共用的新模式。

5.2.2 以聯邦學習為基礎的交易機制建構

聯邦學習提供了資料不出所有方域、資料聯合進行模型訓練、資料價值聯合創造的解決方案。5.1 節介紹了在聯邦學習框架下，度量資料貢獻度的方法。在此基礎上，可以嘗試建構新型的資料交易機制，進而建構新型的資料要素交易平台。

任何產品和資產要想進入交易環節，首要的問題都是如何制定定價策略，對資料的交易也必須解決這一問題。根據產品類型的不同，只有選擇一種合理的定價方式，才能降低交易成本，促成交易實現，從而提升平台的交易量。定價理論的實踐應用是非常複雜的。在資料資產市場中，這個問題會變得更為複雜，因其定價變數較多，定價策略較難選擇。

按照傳統資產的定價想法，如果有同類產品，那麼最常用的方式是利用市場定價法，參考市場上同類產品的價格。如果沒有參照產品，那麼按照其所創造的價值評估。但資料資產不同於傳統的實物資產，其帶來的商業價值（舉例來說，節省成本、帶來收益、安全方面）很難衡量，並且同一份資料在不同的企業、不同的業務場景中差別可能非常大，但並不是只有充分市場化的資產才能定價。在資料要素交易的起步階段，最初的定價方式不要求完美，只要能夠為資料提供方找到簡單的設定資產定價、快速出售且有利可圖的方式，這就已經是可以接受的方式。

在傳統資產交易定價的場景中，常見的定價方法包括成本與利潤定價法、收益定價法、市場定價法、協定定價法、平台固定定價法和競拍定價法等。在聯邦學習框架下，以貢獻度為基礎的資料價值計算方法為收益定價法提供了技術基礎。但是資料作為要素產品，有自身的特殊性，還需要結合交易模式一起設計定價方法。

區塊鏈技術近年來受到廣泛關注，被嘗試用來建構各種新型的與交易相關的平台。圖 5-2-1 展示了一種以智慧合約為基礎的資料交易流程。以 API 服務類的資料要素產品為例，使用者在平台上用積分通證購買資料資產，以區塊鏈為基礎的智慧合約會凍結使用者的積分通證，同時提供資料資產使用權限。資料資產已經過智慧合約驗證，對相關資訊上鏈存證。在這個實例中，在使用者使用 API 服務的過程中，智慧合約會自動統計對應的 API 存取量，在使用者存取 API 並成功回呼時，智慧合約會按交易雙方都接受的計量方式，自動轉移使用者的憑證，從而達到交易即清算、清算即交割的目的。

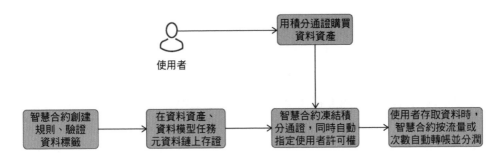

圖 5-2-1　一種以智慧合約為基礎的資料交易流程

我們可以結合這樣的交易機制，設計實現資料資產交割的雙向交割機制，即賣方交割資料資產，同步凍結、交割買方的積分資產。之後，智慧合約會根據數位簽章檢測交易者的身份資訊，再根據鏈上記錄的資產資訊檢測其有效性。不同資料資產的交割也可以選擇不同的模式。資料產品的交割，一般主要透過使用者按照符合服務提供方要求的輸入格式呼叫 API，服務提供方輸出對應的呼叫結果。來源資料的交割一般與模型一起進行，因為來源資料以資料價值的模式進行交易，而資料的價值是透過建模表現的，所以使用者在選擇某個或某幾個來源資料時，會對應地選擇需要的模型進行建模，以一種交割即開始訓練的形式進行。訓練過程是以聯邦框架實現為基礎的，聯邦學習以分散式機器學習的模式，可以支援多個資料提供方在資料不出各自域的情況下進行建模。在聯邦機制下，利用隱私安全計算技術，各參與方的資料不發生轉移，所以不存在影響資料規範的風險，也以有效的資訊安全方式保證使用者隱私不被洩露。聯邦學習是一種在保護資料隱私、滿足合法符合規範的要求下解決「資料孤島」問題的有效措施。

資料共用已經引起各企業和政府的重視。實現跨部門、跨政府和企業間的資料共用對政府推動資料治理系統建設和實現數位經濟發展具有重要的意義。另外，資料共用可以為企業降低經營成本，帶來更多利益，且可以產生更多的商業模式和孵化更多具有競爭力的產品。新型的以區塊鏈技術和聯邦學習為基礎的資料要素交易機制和平台,把資料共用以介面服務和模型訓練的模式進行,並且克服了現有資料共用中可交易資料有限、隱私安全、溯源困難等問題。同時,這類資料要素交易機制和平台也為敏感性資料和嚴監管資料的共用提供了途徑,以滿足可監管、可稽核的要求。

聯邦學習平台架設實踐

6.1 聯邦學習開放原始碼框架介紹

目前，已有多家公司開放了可以實現聯邦學習技術框架的原始碼，在聯合建模的過程中滿足資料隱私保護的需求[60,61]。國外的主流開放原始碼框架有 OpenMined 社區的 PySyft 深度學習框架和 Google 的 TFF（TensorFlow Federated Framework）。微眾銀行（譯註：中國的第一家網際網路銀行）面對「資料孤島」、資料量不足、資料隱私需要保護等問題，推出了分散式安全計算開放原始碼框架——FATE （Federated AI Technology Enabler）框架[61]。百度在 PaddlePaddle 的基礎上，提供了聯邦學習開放原始碼框架——PaddleFL，這個框架能夠幫助研究人員快速地複製和比較不同的聯邦學習演算法[61]。

截至 2021 年 2 月，Google 開放原始碼的 TFF 已更新至 V0.18.0，它以 TensorFlow 2.4.0 為基礎，可以實現分類、回歸等任務，更進一步地支持水平聯邦學習。TFF 支援將聯邦學習演算法整合到邊緣裝置（例如，手機）中，各邊緣裝置利用本地資料直接訓練模型，中央伺服器只收集訓練後得到的模型參數，然後中央伺服器聚合各邊緣裝置上傳的模型參數。

PySyft 是一個安全深度學習框架，其作者主要來自 OpenMined 社區。這個框架提供了數值運算運算元、安全加密運算元和聯邦學習演算法，較好地支援在 PyTorch、TensorFlow 等主流深度學習框架中進行聯邦學習。PySyft 框架對資料的所有權非常重視，其核心思想是引入被稱為 Syfttenators 的抽象張量。這種抽象張量可以連接在一起，用於表示資料狀態或資料轉換。不過，該開放原始碼框架尚未提供高效的部署方案和 Serving 端的解決方案。因而，PySyft 定位於學習研究和原型開發工具。

百度的開放原始碼框架 PaddleFL 主要為深度學習設計，在自然語言處理、電腦視覺、推薦演算法等多個領域中提供了對應的聯邦學習策略及應用，同時支援水平及垂直兩種模式的聯邦學習任務。

微眾銀行的聯邦學習開放原始碼框架 FATE，在 2020 年 11 月發佈了長期穩定版本 V1.5.0，並於 2021 年 3 月更新至 V1.6.0。目前，FATE 開放原始碼社區是全球最大的聯邦學習開放原始碼社區，FATE 開放原始碼框架不僅支持常見的水平聯邦學習和垂直聯邦學習，同時也支持聯邦遷移學習 [60]。在演算法方面，FATE 提供了 30 多種聯邦學習相關的演算法元件，對邏輯回歸（Logistic Regression，LR）、GBDT、深度神經網路（Deep Neural Networks，DNN）等主流演算法完成了聯邦學習轉換，可以滿足正常的商業應用場景建模的要求。在應用方面，FATE 提供了包含聯邦特徵工程、聯邦模型訓練、聯邦模型評估和聯邦線上推理等功能的整合式聯邦建模解決方案，能更進一步地滿足工業應用的需求。

綜上所述，與其他聯邦學習框架相比，微眾銀行的 FATE 開放原始碼框架具有聯邦學習類型完整、特徵工程及機器學習演算法豐富、安全協定支援多樣、擁有推理服務功能及支援多類部署方法且簡單便捷的優勢，具備企業級聯邦學習平台的建構能力。因此，FATE 開放原始碼框架適合在聯邦學習領域用於工業應用和技術創新。此外，針對聯邦學習難以進行資訊安全稽核的問題，FATE 提出跨域互動資訊管理方案，可以兼顧資料隱私安全和資料使用的需求，幫助多家機構進行聯合建模，高效率地採擷資料價值。目前，集團利用 FATE 開放原始碼框架，推動聯邦學習技術在信貸風控、客戶行銷、監管科技等多個業務場景中應用實踐。

6.2 FATE 架構與核心功能

2019 年 2 月，微眾銀行開放原始碼 FATE 專案發佈 FATE V0.1，於 2021年 3 月發佈 FATE V1.6.0。經過 27 個版本的迭代，FATE 在性能、效率、穩定性和使用者體驗等方面都獲得了大幅度提升。在發佈 FATE V1.4.0時，FATE 的架構進行了比較大的重構，底層引擎切換到 EggRoll 2.0，將各部分元件進行了更合理的拆分，增加了 Cluster Manager 元件單元和 Node Manager 元件單元，並將原來 Proxy 元件單元的功能整合到了 RollSite 元件中。這些變化為 FATE 開放原始碼框架的未來發展做了充足的準備。2020 年 11 月微眾銀行發佈的 FATE V1.5.0（LTS）作為一個長期穩定版本，在功能、性能、穩定性和便利性方面有了更大幅度的提升，新增了包括垂直 k-means、DataStatistic、評分卡等 10 多個新的演算法功能，以及不經意傳輸協定。經過性能最佳化後，每台機器可支援使用千位特徵的百萬級樣本聯合建模，在 30 個節點垂直聯合建模的情況下，訓練100 輪，每輪平均用時 38 秒。同時，FATE V1.5.0 的核心排程能力和資源排程能力得到進一步升級，支援多元件平行，並且更靈活地支援了不同的計算引擎，下面將重點介紹 FATE V1.5.0 的整體架構與核心功能。

目前，FATE 擁有大量的聯邦化機器學習元件。舉例來說，垂直和水平邏輯回歸、Secure Boosting Tree 等。FATE 提供聯邦建模任務生命週期管理功能，包括啟動/停止、狀態同步，以及聯邦排程管理，提供有向無環圖（Directed Acyclic Graph，DAG）、Pipeline 等多種排程策略，並能夠即時追蹤訓練狀態（包括資料、參數、模型和指標等）、聯邦模型管理（包括模型綁定、版本控制和模型部署等），提供 HTTP API 服務。

FATE V1.5.0 的整體架構如圖 6-2-1 所示。

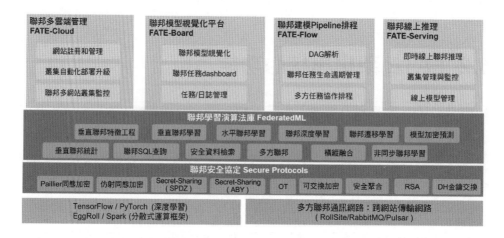

圖 6-2-1　FATE V1.5.0 的整體架構

FATE 開放原始碼框架具有以下 5 個核心功能模組：負責聯邦建模排程和管理的 FATE-Flow、負責聯邦建模視覺化功能的 FATE-Board、負責聯邦學習線上推理服務的 FATE-Serving、負責提供聯邦學習演算法的 FederatedML、負責聯邦網站多雲端管理的 FATE-Cloud。下面簡介各模組的主要功能。

FATE-Flow 為 FATE 提供了點對點聯邦學習 Pipeline 排程和管理功能，主要包括使用 DAG 定義 Pipeline、聯邦任務生命週期管理、聯邦任務協作排程、聯邦任務追蹤、聯邦模型管理等功能，實現了從聯邦建模到生產服務一體化（如圖 6-2-2 所示）。目前，FATE-Flow 支援使用 DAG 定義 Pipeline，具體使用 JSON 格式的 DSL 模組設定檔描述 DAG（參見圖 6-2-3），並透過命令的模式實現從資料準備到模型訓練，再到模型評估和部署的建模任務全流程管理。

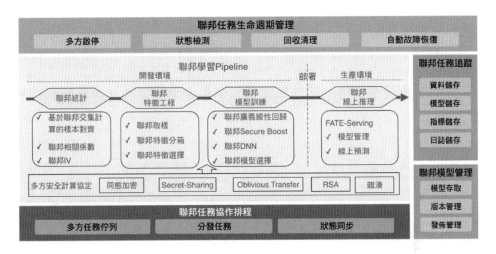

圖 6-2-2　整合式聯邦學習 Pipeline

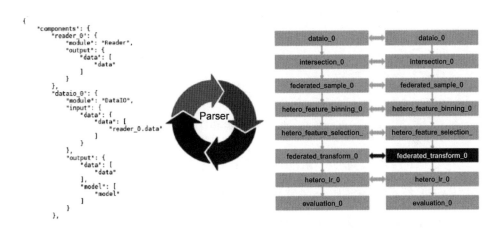

圖 6-2-3　使用 JSON 格式的 DSL 模組設定檔描述 DAG，定義 Pipeline

FATE-Board 是聯邦建模視覺化工具，為終端使用者提供模型訓練全過程的視覺化功能，追蹤、統計和監控模型訓練全流程，提供對應的日誌資訊，便於使用者度量訓練狀態（如圖 6-2-4 所示）。FATE-Board 的主要功能包括以下幾個。

（1）任務儀表板展示任務運行過程隨時間變化，包括任務執行時間、即時更新日誌、每個元件的運行狀態。

（2）支援任務視覺化，提供任務狀態全覽，盡可能地視覺化任務的結果。

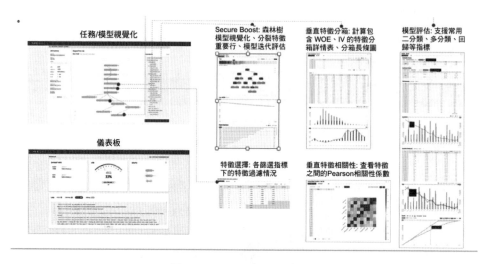

圖 6-2-4 FATE-Board 範例

（3）支持工作流視覺化，幫助使用者直觀地追蹤任務的運行狀態。聯邦建模的各參與方可透過圖表查看聯邦建模狀態。

（4）支援模型圖表視覺化，提供多種視覺化方式，包括統計表、長條圖、曲線等。

（5）支援資料視覺化，可預覽各元件的 100 行原始資料和預測資料。預測資料包括預測結果、預測分數和預測詳細資訊。

FATE-Serving 為 FATE 提供的聯邦線上推理服務，具有高可用性、高性能、即時回應、生產級服務保護等特點，如圖 6-2-5 所示。它的主要功能包括以下幾個。

（1）線上預測。

（2）線上模型管理與監控。

（3）線上服務管理與監控。

（4）叢集管理與監控。

（5）服務治理。

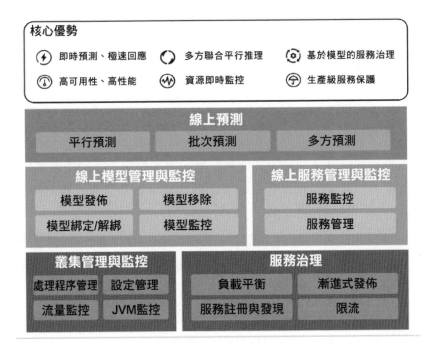

圖 6-2-5 FATE-Serving

FederatedML 模組包含 FATE 框架下實現的聯邦學習演算法。其以去耦的模組化方法為基礎開發，有較強的可擴充性，如圖 6-2-6 所示。其主要功能包括以下幾個。

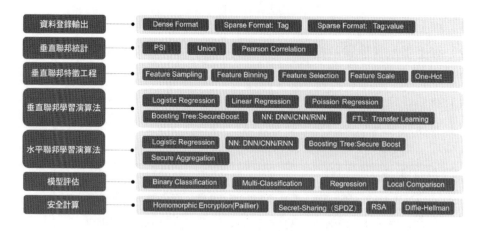

圖 6-2-6 FATE V1.5.0 演算法清單

（1） 資料登錄輸出：支持多種格式的資料上傳。

（2） 垂直聯邦統計：包括隱私交集計算、聯集計算、皮爾遜係數等。

（3） 垂直聯邦特徵工程：支援聯邦化的取樣、特徵分箱、特徵選擇、特徵分區、獨熱編碼等。

（4） 垂直聯邦學習演算法：支援垂直的邏輯回歸、線性回歸、卜松回歸、安全的增強樹模型、神經網路（DNN/CNN/RNN）、遷移學習等。

（5） 水平聯邦學習演算法：支援水平的邏輯回歸、安全的增強樹模型、安全聚合、神經網路（DNN/CNN/RNN）等。

（6） 模型評估：支持二分類、多分類、回歸等問題的聯邦和單邊比較評估。

（7） 安全計算：提供了秘密分享、同態加密等多種安全協定，以便進行更安全的多方互動計算。

如圖 6-2-7 和圖 6-2-8 所示，FATE-Cloud 是建構和管理聯邦資料合作網路的基礎設施，為機構間、機構內部不同組織間提供了安全可靠、符合規範的資料合作網路建構解決方案，可以實現多用戶端的雲端管理。

FATE-Cloud由負責聯邦網站管理的雲端管理端Cloud Manager和網站用戶端管理端FATE Manager組成，核心功能如下：

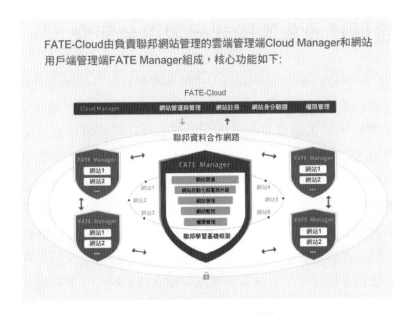

圖 6-2-7　FATE-Cloud 簡介

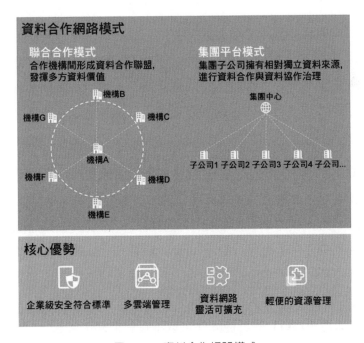

圖 6-2-8　資料合作網路模式

6.3 金融控股集團聯邦學習平台簡介

E-SBU（E-Strategic Business Units）生態圈戰略建設，必須透過資料共用推動集團客戶遷徙、交換行銷、產品創新和綜合服務的協作發展。要想實現這些目標離不開集團資料的流通，但隨著隱私保護等相關政策日趨嚴格，集團的內部資料呈現出碎片化和資料隔離的問題。聯邦學習是可行的跨機構資料協作的實現方法，在保證資料隱私安全的前提下能夠使多個機構協作學習共用模型，是 E-SBU 生態圈建設戰略實踐過程中的重要技術推手。集團架設聯邦學習平台旨在為整個集團設計一個安全的機器學習框架，在滿足資料隱私安全和監管符合規範要求的基礎之上，更加高效、準確地使用資料，解決人工智慧系統面臨的資料碎片化和「資料孤島」等問題，推進集團資料共用處理程序，為集團數位化轉型、E-SBU 生態圈建設戰略實踐提供資料能力支撐。

透過聯邦學習平台的建設和模型的開發，可以在滿足符合規範性要求和遵守個人隱私資料保護規範的前提下，一方面推進集團內外部資料共用治理，打造集團統一的、管理有序的資料資訊流，另一方面聚焦智慧風控、智慧行銷等關鍵領域，積極探索資料共用應用場景，透過資料探勘提升業務價值。

在成員企業之間以聯邦學習架設分散式符合規範的資料中台，即在每個成員企業中部署 FATE 叢集作為聯邦學習的參與方節點（Party 節點）。成員企業之間的網路拓樸方式採用簡捷的星型模式，即成員企業之間的通訊透過集團提供的媒介中心交換（Exchange）節點進行互聯。每個參與方節點需要設定路由表，利用本地的 RollSite 元件連接到集團中心交換節點上。當然，中心交換節點本質上也是中轉節點，該節點僅需要一個 RollSite 元件提供服務即可，FATE 的其他元件可以不在此節點上部署。關於 RollSite 元件的路由表注意事項，在 6.4.5 節會進行詳細的介紹。

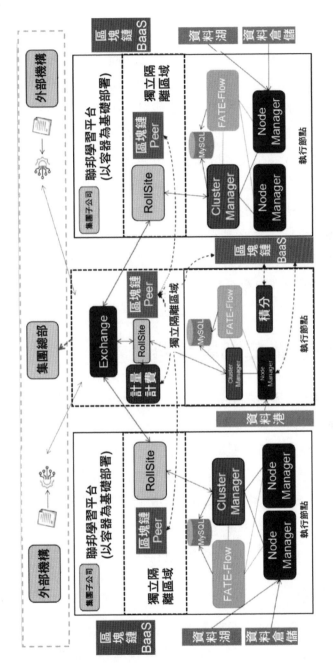

圖 6-3-1 集團聯邦學習架構

在聯合建模時，需要鼓勵各業務部門和子公司支持資料整合，要能保證對
資料交易過程有較強的控管措施，還需要透過機制激勵資料擁有方保證資
料的真實性和資料品質，鼓勵資料使用方回饋使用情況或使用需求，推動
資料獲取和加工的最佳化。所以，在進行聯邦學習平台設計時引入了區塊
鏈技術。利用區塊鏈技術，以聯邦學習平台進行多方共同建模，需要各方
提供的客戶標籤或特徵資料遵循統一的中繼資料規範要求，並且有完備的
中繼資料描述資訊，以確保模型的可解釋性。同時，為了保證聯合開發的
公平性，對各方所提供的資料，如客戶數、特徵數和貢獻等進行登記，參
考經濟學模型設計激勵機制，作為未來計價付費或業務分潤的參考。透過
架設區塊鏈平台，利用區塊鏈技術提升了資料可信度，增強了資料的可追
溯性。聯邦學習架構如圖 6-3-1 所示。

6.4 FATE 叢集部署實踐

FATE 是微眾銀行研發的分散式安全計算開放原始碼框架，目的是為聯邦
學習生態提供技術支援。FATE 利用多方安全計算及同態加密（HE）建構
底層安全計算協定，在此基礎上支援邏輯回歸、以樹為基礎的演算法、深
度學習和遷移學習等多種機器學習演算法的安全計算。截至 2020 年 11
月，FATE V1.5.0 支援在 Linux 或 Mac 作業系統中，透過 Native 或
KubeFATE 部署 FATE 叢集，下面將分別介紹這兩種部署方式，並對部署
過程中遇到的實際問題，結合實踐中複習的經驗進行特別說明。

1. Native 部署

Native 部署有兩種方式，分別為單機部署和叢集部署。單機部署適用於快
速開發和 FATE 元件測試等場景，安裝過程相對簡單，具體步驟可參考
FATE 開放原始碼社區提供的單機部署指南。雖然單機部署通常用來進行

測試，但是事實上在部署實踐過程中，單機部署也可以用於部署單獨的節點，之後在需要時增加設定資訊即可將單獨的節點加入整個叢集中。在實際場景中，由於網路關係複雜，有時想要部署節點的多方之間網路環境並不相通，不便於直接使用叢集部署多個節點，這時更適合採用先進行單機部署，再更改設定遷移到叢集中的方式。

FATE 的叢集部署，主要用於在多個 Party 節點中同時部署 FATE 叢集，適用於巨量資料場景的分散式運行部署架構版本。FATE 把這種部署方式命名為 All-in-one，6.4.1 節將介紹 All-in-one 部署方式和實踐經驗[62]。

2. KubeFATE 部署

FATE 叢集中包含的服務較多，而且不同的服務依賴於不同的設定，因此 FATE 存在一定的使用門檻。除此之外，多個服務之間存在相互依賴的情況，整個叢集的可靠性受每一個服務的限制，因此 FATE 叢集的運行維護面臨一定的挑戰。由於上述的問題存在，威睿和微眾銀行共同研發了 KubeFATE 專案，旨在降低聯邦學習的使用門檻和運行維護成本。

KubeFATE 利用容器技術封裝了 FATE，與傳統的安裝部署方式相比，KubeFATE 具有以下優點：

（1）使用簡單，無須安裝依賴軟體套件。
（2）設定方便，可重複使用設定檔部署多套叢集。
（3）管理靈活，叢集規模可依據需求增減。
（4）適用於雲端環境。

目前，KubeFATE 支援兩種方式來部署和管理 FATE 叢集，分別是針對測試開發場景的 Docker-Compose 方式 [63] 和針對生產場景的 Kubernetes[64]。Docker-Compose 部署方式僅依賴於 Docker 環境，適用於開發或測試場景。使用 Kubernetes 部署 FATE，可以更高效率地部署容器化應用和快速實現水平擴充，便於在生產環境中部署或大量部署。

6.4.1 All-in-one 方式部署 FATE 叢集[63]

1. 基礎環境準備

（1）伺服器資源，如表 6-4-1 所示。

表 6-4-1 伺服器資源

數量	2
設定	8 核心/16GB 記憶體 / 500GB 硬碟
作業系統	Red Hat Enterprise Linux Server release 7.5 （Maipo）
依賴套件	（部署時自動安裝）
使用者	使用者：app，使用者群組：apps（app 使用者需具備 sudo 許可權）
檔案系統	(1) 掛載點為/data 目錄，磁碟空間為 500GB 以上。 (2) 建立/data/project 目錄，目錄屬於 apps 使用者群組的 app 使用者

（2）叢集規劃。以 IP 位址 25.0.11.01 和 25.0.11.02 為例，如表 6-4-2 所示。

表 6-4-2 叢集規劃範例

party	主機名稱	IP 位址	作業系統	安裝軟體	服務
Party A	VM_0_1_redhat	25.0.11.01	Red Hat Enterprise Linux Server release 7.5 （Maipo）	FATE、EggRoll、MySQL	FATE-Flow、FATE-Board、Cluster Manager、Node Manager、RollSite、MySQL

party	主機名稱	IP 位址	作業系統	安裝軟體	服務
Party B	VM_0_2_redhat	25.0.11.02	Red Hat Enterprise Linux Server release 7.5（Maipo）	FATE、EggRoll、MySQL	FATE-Flow、FATE-Board、Cluster Manager、Node Manager、RollSite、MySQL

（3）部署元件說明，如表 6-4-3 所示。

表 6-4-3　元件說明

軟體產品	元件	通訊埠	說明
FATE	FATE-Flow	9360 9380	聯邦學習任務管線管理模組
FATE	FATE-Board	8080	聯邦學習過程視覺化模組
EggRoll	Cluster Manager	4670	Cluster Manager 管理叢集
EggRoll	Node Manager	4671	Node Manager 管理每台機器資源
EggRoll	RollSite	9370	跨節點通訊元件
MySQL	MySQL	3306	資料儲存，Cluster Manager 和 FATE-Flow 依賴

2. 基礎環境設定

（1）hostname 設定（可選）：修改主機名稱。這一步只是為了規範，在實際情況下不做也是可以的，以 25.0.11.01 root 和 25.0.11.02 root 使用者為例，在目標伺服器（IP 位址為 25.0.11.01）中用 root 使用者身份執行：

```
hostnamectl set-hostname VM_0_1_redhat
```

在目標伺服器（IP 位址為 25.0.11.02）中用 root 使用者身份執行：

```
hostnamectl set-hostname VM_0_2_redhat
```

加入主機映射，在目標伺服器（IP 位址為 25.0.11.01 和 25.0.11.02）中用
root 使用者身份執行：

```
vim /etc/hosts
25.0.11.01 VM_0_1_centos
25.0.11.02 VM_0_2_centos
```

（2）關閉 selinux（可選）：在目標伺服器（IP 位址為 25.0.11.01 和
25.0.11.02）中用 root 使用者身份執行：

```
sed -i '/\^SELINUX/s/=.\*/=disabled/' /etc/selinux/config
setenforce 0
```

（3）解除 Linux 最大處理程序數和最大檔案控制代碼打開數的限制：在目
標伺服器（IP 位址為 25.0.11.01 和 25.0.11.02）中用 root 使用者身份執行：

1）vim /etc/security/limits.conf

```
* soft nofile 65535
* hard nofile 65535
```

2）vim /etc/security/limits.d/20-nproc.conf

```
* soft nproc unlimited
```

（4）關閉防火牆（可選）：在目標伺服器（IP 位址為 25.0.11.01 和 25.0.11.02）中用 root 使用者身份執行：

```
systemctl disable firewalld.service
systemctl stop firewalld.service
systemctl status firewalld.service
```

3. 軟體運行系統環境初始化

軟體運行系統環境初始化分別包含建立使用者、設定 sudo 和設定 SSH（Secure Shell，安全外殼協定）免密碼登入。

（1）建立使用者：在目標伺服器（IP 位址為 25.0.11.01 和 25.0.11.02）中用 root 使用者身份執行：

```
groupadd -g 6000 apps
     useradd -s /bin/bash -g apps -d /home/app app
     passwd app
```

（2）設定 sudo：在目標伺服器（IP 位址為 25.0.11.01 和 25.0.11.02）中用 root 使用者身份執行：

```
vim /etc/sudoers.d/app
app ALL=(ALL) ALL
app ALL=(ALL) NOPASSWD: ALL
Defaults !env_reset
```

（3）設定 SSH 免密登入，具體操作如下。
首先，在目標伺服器（IP 位址為 25.0.11.01 和 25.0.11.02）中用 app 使用者身份執行：

```
su app
ssh-keygen -t rsa
```

```
cat ~/.ssh/id_rsa.pub >> /home/app/.ssh/authorized_keys
chmod 600 ~/.ssh/authorized_keys
```

然後，合併 id_rsa_pub 檔案，在目標伺服器（IP 位址為 25.0.11.01）中用
app 使用者身份執行：

```
scp ~/.ssh/authorized_keys app@25.0.11.02:/home/app/.ssh
```

將目標伺服器（IP 位址為 25.0.11.01）中的 authorized_keys 檔案拷貝到目
標伺服器（IP 位址為 25.0.11.02）的~/.ssh 目錄下。

在目標伺服器（IP 位址為 25.0.11.02）中用 app 使用者身份執行：

```
cat ~/.ssh/id_rsa.pub >> /home/app/.ssh/authorized_keys
scp ~/.ssh/authorized_keys app@25.0.11.01:/home/app/.ssh
```

將目標伺服器（IP 位址為 25.0.11.02）的 id_rsa.pub 檔案中的內容寫入該
伺服器的 authorized_keys 檔案中，再把修改好的 authorized_keys 檔案拷貝
到目標伺服器（IP 位址為 25.0.11.01）的/home/app/.ssh 目錄下，並覆蓋之
前的檔案。

最後，在目標伺服器（IP 位址為 25.0.11.01 和 25.0.11.02）中用 app 使用
者身份執行以下命令，測試 SSH 服務的聯通性。

```
ssh app@25.0.11.01
ssh app@25.0.11.02
```

此外，在實際使用時，因計算需要，會準備較大的虛擬記憶體，執行前需
檢查儲存空間是否足夠，按要求進行設定，見以下實例（以設定 128GB 虛
擬記憶體為例）：在目標伺服器（IP 位址為 25.0.11.01 和 25.0.11.02）中
用 root 使用者身份執行：

```
cd /data
dd if=/dev/zero of=/data/swapfile128G bs=1024 count=134217728
mkswap /data/swapfile128G
swapon /data/swapfile128G
cat /proc/swaps
echo '/data/swapfile128G swap swap defaults 0 0' >> /etc/fstab
```

4. 完成 FATE 專案

設定和部署過程

（1）下載 FATE V1.5.0 的 cluster 版本，然後將其上傳到目標伺服器（IP 位址為 25.0.11.01 和 25.0.11.02）/data/projects/目錄下，執行以下命令解壓縮檔。

```
tar xzf fate-cluster-install-1.5.0-release-c7-u18.tar.gz
```

註：預設安裝目錄為/data/projects/，使用者為 app，使用者可按照實際情況修改。

（2）設定檔修改。在目標伺服器（IP 位址為 25.0.11.01）中用 app 使用者身份修改設定檔。在一般情況下，SSH 的工具預設通訊埠編號為 22，如果修改了預設通訊埠編號，就應該修改 ~/.bashrc 檔案，增加通訊埠別名設定 alias ssh='ssh -p {port number}' 和 alias scp='scp -P {port number}'，同時修改 deploy_cluster_All-in-one.sh 指令稿，增加以下程式：

```
alias ssh="ssh -p {port number}"
alias scp="scp -P {port number}"
shopt -s expand_aliases
shopt expand_aliases
```

設定檔修改內容與企業運行維護相關，但早期版本的部署指令稿中並無此內容。中國光大科技有限公司向 FATE 開放原始碼社區提交 issue 說明了此問題。目前，FATE 開放原始碼社區已經將這部分內容增加到官方文件中。

（3）叢集部署 FATE。需要編輯設定檔 setup.conf，具體的設定項目說明參見表 6-4-4。

表 6-4-4　設定檔 setup.conf 說明

設定項	設定項目值	説明
roles	預設："host" "guest"	部署的角色，有 Host 端、Guest 端
version	預設：1.5.0	FATE 的版本編號
pbase	預設：/data/projects	專案根目錄
lbase	預設：/data/logs	保持預設不要修改
ssh_user	預設：app	SSH 連接目標的使用者，也是部署後檔案的擁有者
ssh_group	預設：apps	SSH 連接目標的使用者的群組，也是部署後檔案的群組
ssh_port	預設：22，根據實際情況修改	SSH 連接通訊埠，部署前要確認好通訊埠，否則會報連接錯誤
eggroll_dbname	預設：eggroll_meta	EggRoll 連接的資料庫名稱
fate_flow_dbname	預設：fate_flow	FATE-Flow,FATE-Board 等連接的資料庫名稱
mysql_admin_pass	可設定為 fate_dev	MySQL 的管理員（root）密碼
redis_pass	—	Redis 密碼，暫未使用
mysql_user	預設：fate	MySQL 的應用連接帳號
mysql_port	預設：3306，根據實際情況修改	MySQL 服務監聽的通訊埠

設定項	設定項目值	説明
host_id	預設：10000，根據實施規劃修改	Host 端的 Party ID。
host_ip	25.0.11.01	Host 端的 IP 位址
host_mysql_ip	預設和 host_ip 保持一致	Host 端 MySQL 的 IP 位址
host_mysql_pass	可設定為 fate_dev	Host 端 MySQL 的應用連接帳號
guest_id	預設：9999，根據實施規劃修改	Guest 端的 Party ID
guest_ip	25.0.11.02	Guest 端的 IP 位址
guest_mysql_ip	預設和 guest_ip 保持一致	Guest 端 MySQL 的 IP 位址
guest_mysql_pass	可設定為 fate_dev	Guest 端 MySQL 的應用連接帳號
dbmodules	預設："mysql"	DB 元件的部署模組清單，如 MySQL
basemodules	預設："base"、"java"、"python"、"eggroll"、"fate"	非 DB 元件的部署模組清單，如 "base"、"java"、"python"、"eggroll"、"fate"

下面分別列出部署兩個節點和單獨部署一個節點時，所需的 setup.conf 檔案範例。

（1）同時部署兩個節點時的 setup.conf 設定檔。

```
#to install role
roles=( "host" "guest" )
version="1.5.0"
#project base
pbase="/data/projects"
#user who connects dest machine by ssh
ssh_user="app"
```

```
ssh_group="apps"
#ssh port
ssh_port=16022
#eggroll_db name
eggroll_dbname="eggroll_meta"
#fate_flow_db name
fate_flow_dbname="fate_flow"
#mysql init root password
mysql_admin_pass="fate_dev"
#redis passwd
redis_pass=""
#mysql user
mysql_user="fate"
#mysql port
mysql_port="3306"
#host party id
host_id="10000"
#host ip
host_ip="25.0.11.01"
#host mysql ip
host_mysql_ip="${host_ip}"
host_mysql_pass="fate_dev"
#guest party id
guest_id="9999"
#guest ip
guest_ip="25.0.11.02"
#guest mysql ip
guest_mysql_ip="${guest_ip}"
guest_mysql_pass="fate_dev"
#db module lists
dbmodules=( "mysql" )
#base module lists
basemodules=( "base" "java" "python" "eggroll" "fate" )
```

（2）單獨部署一個節點時的 setup.conf 設定檔。

```
#to install role
roles= ( "host" )
version="1.5.0"
#project base
pbase="/data/projects"
#user who connects dest machine by ssh
ssh_user="app"
ssh_group="apps"
#ssh port
ssh_port=16022
#eggroll_db name
eggroll_dbname="eggroll_meta"
#fate_flow_db name
fate_flow_dbname="fate_flow"
#mysql init root password
mysql_admin_pass="fate_dev"
#redis passwd
redis_pass=""
#mysql user
mysql_user="fate"
#mysql port
mysql_port="3306"
#host party id
host_id="10000"
#host ip
host_ip="25.0.11.01"
#host mysql ip
host_mysql_ip="${host_ip}"
host_mysql_pass="fate_dev"
#guest party id
guest_id=""
#guest ip
guest_ip=""
#guest mysql ip
```

```
guest_mysql_ip="${guest_ip}"
guest_mysql_pass=""
#db module lists
dbmodules=( "mysql" )
#base module lists
basemodules=( "base" "java" "python" "eggroll" "fate" )
```

在按照上述設定含義修改 setup.conf 檔案對應的設定項目後，在 fate-cluster- install/All-in-one 目錄下部署指令稿：

```
cd fate-cluster-install/All-in-one
nohup sh ./deploy.sh > logs/boot.log 2>&1 &
```

部署日誌輸出在 fate-cluster-install/All-in-one/logs 目錄下，要即時查看是否有顯示出錯資訊：

```
tail -f ./logs/deploy.log （部署結束，查看一下即可）
tail -f ./logs/deploy-guest.log （即時列印 Guest 端的部署情況）
tail -f ./logs/deploy-mysql-guest.log （即時列印 Guest 端 MySQL 的部署
情況）
tail -f ./logs/deploy-host.log （即時列印 Host 端的部署情況）
tail -f ./logs/deploy-mysql-host.log （即時列印 Host 端 MySQL 的部署
情況）
```

若沒有顯示出錯資訊，則只需要進行通訊測試來驗證叢集是否正確部署。

6.4.2 Docker-Compose 方式部署 FATE 叢集[62]

Docker-Compose 是編排 Docker 容器的工具，是可以高效率地管理多容器 Docker 應用程式的工具，支援使用 YAML 檔案設定應用程式的服務。然後，透過命令列，即可從設定中一次性建立並啟動所有服務。Docker-Compose 方式是 FATE 部署門檻較低的一種方式，無須考慮環境安裝的困難，使用 Docker-Compose 便於快速部署 FATE 叢集，下面是設定和使用步驟。

部署兩個可以通訊的 FATE 叢集，每個叢集都包括 FATE 的所有元件，架構如圖 6-4-1 所示。

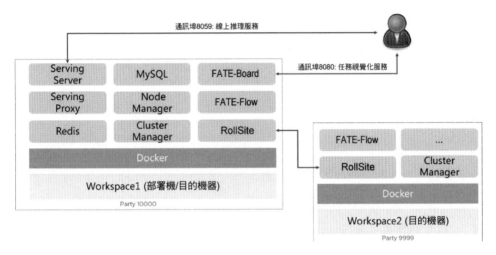

圖 6-4-1 FATE 叢集部署架構

1. 準備工作

（1）兩台主機（物理機或虛擬機器，作業系統為 Red Hat）。
（2）兩台主機均安裝 Docker 版本：18+。
（3）兩台主機均安裝 Docker-Compose 版本：1.24+。
（4）運行機已經下載 FATE 的各元件映像檔檔案。

2. 離線安裝 Docker

由於網路限制等因素，在實踐中可以將 Docker 部署在具有公網的主機中，之後將其拉取到內網部署。

在外網環境中使用 yum 下載所有套件,並指定下載目錄/root/docker:

```
yum install --downloadonly --downloaddir=/root/docker docker
```

這樣,所有的依賴資料套件均下載在/root/docker 目錄下,然後將套件上傳到內網環境安裝,安裝命令為 rpm -ivh --replacefiles ***.rpm。安裝次序如下:libsepol、libselinux、libsemanage、libselinux-utils、policycoreutils、selinux-policy、selinux-policy-targeted、container-selinux、containerd.io、docker-ce-cli、docker-ce。

3. Docker 啟動相關

Docker 啟動命令:

```
systemctl start docker。
```

Docker 資訊查看命令:docker info,若出現以下警告:

```
WARNING: bridge-nf-call-iptables is disabled
WARNING: bridge-nf-call-ip6tables is disabled
```

則解決方法為在/etc/sysctl.conf 檔案中增加以下內容:

```
net.bridge.bridge-nf-call-iptables = 1
net.bridge.bridge-nf-call-ip6tables = 1
```

最後運行命令 systemctl status docker.service,查看 Docker 的運行狀態。

若 顯 示 /usr/lib/systemd/system/docker.service; disabled; vendor preset: disabled,則應設定開機自啟(systemctl enable docker.service)。

運行 docker version 命令查看 Docker 版本資訊，若出現如圖 6-4-2 所示的
內容，則代表 Docker 安裝成功。

```
Client: Docker Engine - Community
Cloud integration: 1.0.7
Version:           20.10.2
API version:       1.41
Go version:        go1.13.15
Git commit:        2291f61
Built:             Mon Dec 28 16:14:16 2020
OS/Arch:           windows/amd64
Context:           default
Experimental:      true

Server: Docker Engine - Community
 Engine:
  Version:          20.10.2
  API version:      1.41 (minimum version 1.12)
  Go version:       go1.13.15
  Git commit:       8891c58
  Built:            Mon Dec 28 16:15:28 2020
  OS/Arch:          linux/amd64
  Experimental:     false
 containerd:
  Version:          1.4.3
  GitCommit:        269548fa27e0089a8b8278fc4fc781d7f65a939b
 runc:
  Version:          1.0.0-rc92
  GitCommit:        ff819c7e9184c13b7c2607fe6c30ae19403a7aff
 docker-init:
  Version:          0.19.0
  GitCommit:        de40ad0
```

圖 6-4-2 Docker 版本資訊

4. 在目標伺服器上安裝 Docker-Compose

可以在官方網站上找到合適的 Docker-Compose 版本，將可執行程式下載
到目標伺服器上，把 docker-compose-Linux-x86_64 放到/usr/local/bin/目錄
下執行：

```
mv docker-compose-Linux-x86_64 docker-compose
chmod +x /usr/local/bin/docker-compose
```

執行 docker-compose version 命令驗證版本資訊，若出現如圖 6-4-3 所示的
內容，則代表安裝成功。

```
docker-compose version 1.27.4, build 40524192
docker-py version: 4.3.1
CPython version: 3.7.4
OpenSSL version: OpenSSL 1.1.1c  28 May 2019
```

圖 6-4-3 Docker-Compose 版本資訊

5. 在目標伺服器上準備 FATE 映像檔檔案

在 Docker 環境準備完成之後，需要拉取部署 FATE 所需的映像檔檔案，
在離線環境下先將映像檔檔案下載到可連接公網的機器中，然後將下載好
的映像檔檔案上傳到目標伺服器，執行：

```
docker load -i {image_name}
```

驗證下載映像檔檔案：docker images

FATE V1.5.0 所需的映像檔檔案如圖 6-4-4 所示。

```
REPOSITORY                  TAG             IMAGE ID        CREATED         SIZE
federatedai/client          1.5.0-release   2671d6af05e2    4 months ago    3.94GB
federatedai/python          1.5.0-release   ef2ea865e832    5 months ago    4.57GB
federatedai/eggroll         1.5.0-release   0e0b0044a06a    5 months ago    4.67GB
federatedai/fateboard       1.5.0-release   a64c297f13f1    5 months ago    200MB
federatedai/serving-server  2.0.0-release   b7b236ee4db0    7 months ago    234MB
federatedai/serving-proxy   2.0.0-release   2d66ed3e7822    7 months ago    267MB
mysql                       8               a0d4d95e478f    10 months ago   541MB
redis                       5               a4d3716dbb72    11 months ago   98.3MB
```

圖 6-4-4 FATE V1.5.0 所需的映像檔檔案

6. 下載並設定叢集部署指令稿

FATE 提供了自動化部署多個節點的方案，下面的例子將介紹如何自動化
地在兩台機器上各部署一個 FATE 叢集，並實現兩個叢集的聯通。

FATE 的 GitHub 專案中提供了叢集設定檔和自動化部署指令稿範例，下載 FATE V1.5.0 的 Docker-Compose 部署套件 kubefate-docker-compose-v1.5.1.tar.gz，其包括節點設定檔、叢集設定生成指令稿、叢集自動部署指令稿。可以透過與目標伺服器聯通的機器，在目標伺服器中執行這些部署指令稿。

我們的兩台目標伺服器的 IP 位址分別為 25.0.11.01 和 25.0.11.02，party 10000 的叢集將在 IP 位址為 25.0.11.01 的目標伺服器上部署，而 party 9999 的叢集將在 IP 位址為 25.0.11.02 的目標伺服器上部署，以 EggRoll 為計算引擎，均部署訓練相關元件及預測相關元件，具體的設定內容如下：

```bash
#!/bin/bash
user=fate
dir=/data/projects/fate
party_list=(9999 10000)
party_ip_list=(25.0.11.01 25.0.11.02)
serving_ip_list=(25.0.11.01 25.0.11.02)
# computing_backend could be eggroll or spark.
computing_backend=eggroll
# true if you need python-nn else false, the default value will be
false
enabled_nn=false
# default
exchangeip=
# modify if you are going to use an external db
mysql_ip=mysql
mysql_user=fate
mysql_password=fate_dev
mysql_db=fate_flow
# modify if you are going to use an external redis
redis_ip=redis
redis_port=6379
redis_password=fate_dev
name_node=hdfs://namenode:9000
```

7. 執行部署指令稿

在設定修改完畢後,執行以下命令,根據修改後的節點資訊生成多個元件需要的設定檔(包括 eggroll、fate_flow、fate_board、fate_client、redis、serving_proxy、serving_server),以及啟動訓練和預測服務所需的docker_compose.yaml 檔案。

```
bash generate_config.sh          # 生成部署檔案
```

在所需的設定檔生成後,應執行:

```
bash docker_deploy.sh all        # 在各個 party 上部署 FATE
```

在 Native 部署方式中,若目標伺服器 SSH 服務預設使用的通訊埠編號不是 22,則在 docker_deploy.sh 中增加以下內容:

```
alias scp="scp -P {port_number}"
shopt -s expand_aliases
shopt expand_aliases
```

在運行 docker_deploy.sh 後,會將 10000、9999 兩個組織(Party)的設定檔壓縮檔 confs-<party-id>.tar、serving-<party-id>.tar 分別發送到 Party 對應的主機上,之後透過 SSH 協定登入主機解壓設定檔,解壓後的檔案預設在/data/projects/fate 目錄下。執行 docker volume 命令建立共用目錄,並透過 docker compose 命令啟動訓練和預測服務,在指令稿運行結束後,可登入其中任意一台目標伺服器,使用以下命令驗證叢集狀態:

```
docker ps
```

若 FATE 叢集中各服務的運行狀態如圖 6-4-5 所示,則代表部署成功。

```
fate@ebdatah-app-18:/home/fate$docker ps
CONTAINER ID    IMAGE                                    COMMAND              CREATED      STATUS
   PORTS                                                 NAMES
2bf99b7c917a    federatedai/serving-server:2.0.0-release "/bin/sh -c 'java -c…" 4 days ago  Up 4 days
   0.0.0.0:8000->8000/tcp                                serving-18003_serving-server_1
cf4aaab8767d    redis:5                                  "docker-entrypoint.s…" 4 days ago  Up 4 days
   6379/tcp                                              serving-18003_redis_1
f9dd45893ba8    federatedai/serving-proxy:2.0.0-release  "/bin/sh -c 'java -D…" 4 days ago  Up 4 days
   0.0.0.0:8059->8059/tcp, 0.0.0.0:8869->8869/tcp, 8879/tcp serving-18003_serving-proxy_1
da3baf4feea0    federatedai/client:1.6.0-release         "/bin/sh -c 'flow in…" 4 days ago  Up 4 days
   0.0.0.0:20000->20000/tcp                              confs-18003_client_1
836e81900dd7    federatedai/fateboard:1.6.0-release      "/bin/sh -c 'java -D…" 4 days ago  Up 4 days
   0.0.0.0:8080->8080/tcp                                confs-18003_fateboard_1
d154303dc86d    federatedai/python:1.6.0-release         "container-entrypoin…" 4 days ago  Up 4 days
   0.0.0.0:9360->9360/tcp, 8080/tcp, 0.0.0.0:9380->9380/tcp confs-18003_python_1
1ce2482e38c9    mysql:8                                  "docker-entrypoint.s…" 4 days ago  Up 4 days
   3306/tcp, 33060/tcp                                   confs-18003_mysql_1
c7540c0a414f    federatedai/eggroll:1.6.0-release        "/tini -- bash -c 'j…" 4 days ago  Up 4 days
   4671/tcp, 8080/tcp                                    confs-18003_nodemanager_1
e12ed7c2eceb    federatedai/eggroll:1.6.0-release        "/tini -- bash -c 'j…" 4 days ago  Up 4 days
   8080/tcp, 0.0.0.0:9370->9370/tcp                      confs-18003_rollsite_1
aaadc62fa887    federatedai/eggroll:1.6.0-release        "/tini -- bash -c 'j…" 4 days ago  Up 4 days
   4670/tcp, 8080/tcp                                    confs-18003_clustermanager_1
```

圖 6-4-5 FATE 服務運行狀態

6.4.3 在 Kubernetes 上部署 FATE 叢集[63]

在生產環境中，當資料和模型的使用需求變大時，需要擴充或維護資料，就會自然產生叢集管理進階功能的需求，此時使用 Kubernetes 部署 FATE 叢集的方案更為合理。Kubernetes 是當前主流的基礎設施平台之一。在實踐過程中，Kubernetes 具有自動化容器操作、管理資源、靈活更改容器規模等功能，適合企業內大規模分散式系統的運行維護工作。Ovum 提供的資料顯示，截至 2019 年年底，Kubernetes 管理了巨量資料相關任務一半負載。FATE 官方也建議在生產環境中使用 Kubernetes 管理 FATE 聯邦學習叢集的平台，KubeFATE 是以 Kubernetes 部署運行維護 FATE 的解決方案。

本節將介紹在內網環境中，利用已有的 Kubeneters 平台部署 FATE V1.5.0 的叢集，進行聯邦學習和線上預測。

部署 FATE 叢集前的準備工作包括以下內容：

■ 準備一台與 Kubernetes 聯通的部署機，用於安裝 Kubectl 命令列工具和 KubeFATE 命令列工具。

- 向離線映像檔倉庫上傳 FATE V1.5.0 映像檔檔案、KubeFATE V1.3.0 映像檔檔案、MySQL 和 Redis 映像檔檔案。

- 準備 FATE V1.5.0 chart 壓縮檔案和以 Kubernetes 部署所需的 yaml 設定檔壓縮檔。

1. 安裝 Kubectl

Kubectl 是透過 API 與 Kubernetes 互動的命令列工具，具有管理 Kubernetes 叢集、在叢集中部署容器化應用的功能。

Kubectl 的安裝過程如下。

首先，在 Kubernetes 官網下載 Kubectl 的 1.9.3-release 版本的可執行程式。

然後，將下載好的 Kubectl 檔案上傳到任意與 Kubernetes 叢集聯通的機器上，並執行：

```
chmod +x ./kubectl && sudo mv ./kubectl /usr/bin
```

最後，在使用者資料夾（/home 或/root）中的.kube 目錄下，編輯設定 config 檔案，聯通 Kubectl 和 Kubernetes 服務（若沒有.kube 目錄，則應先建立.kube 目錄）。

```
apiVersion: v1
```

clusters：設定要存取的 Kubernetes 叢集

```
- cluster:
    certificate-authority-data: 存取控制金鑰
    server: IP
  name: 叢集名稱
```

```
contexts: 設定存取 Kubernetes 叢集的具體上下文環境
- context:
    cluster:
    user:
    namespace：
  name:
current-context: 設定當前使用的上下文環境
kind: Config
preferences: {}
users: 設定存取的使用者資訊、用戶名及證書資訊
- name: 用戶名
  user:
    token: 金鑰
```

在設定完成後，輸入 Kubectl 的版本資訊，若顯示如圖 6-4-6 所示的內容，則代表安裝成功。

```
Client Version: version.Info{Major:"1", Minor:"19", GitVersion:"v1.19.3", GitCommit:"1e11e4a2108024935e
cfcb2912226cedeafd99df", GitTreeState:"clean", BuildDate:"2020-10-14T12:50:19Z", GoVersion:"go1.15.2",
Compiler:"gc", Platform:"windows/amd64"}
Server Version: version.Info{Major:"1", Minor:"16", GitVersion:"v1.16.6", GitCommit:"72c30166b2105cd7d3
350f2c28a219e6abcd79eb", GitTreeState:"clean", BuildDate:"2020-01-18T23:23:21Z", GoVersion:"go1.13.5",
Compiler:"gc", Platform:"linux/amd64"}
```

圖 6-4-6 Kubectl 的版本資訊

2. 安裝 KubeFATE

KubeFATE 包括 KubeFATE 命令列工具與 KubeFATE Server 兩部分。

1）KubeFATE 命令列工具

KubeFATE 提供一個可執行的二進位檔案作為命令列工具，幫助使用者快速實現初始化、部署、管理 FATE 叢集。KubeFATE 的命令列可以透過 HTTPS 與 KubeFATE 服務互動，支援 SSL 加密和轉換企業的防火牆規則。如圖 6-4-7 所示，KubeFATE 命令列提供管理叢集（Cluster）、任務（Job）、套件（Chart）、使用者（User）的功能。

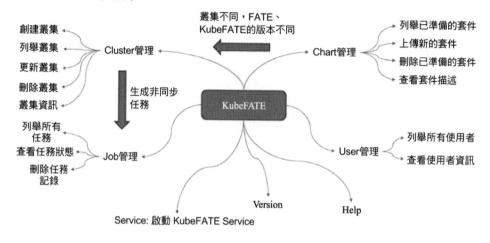

圖 6-4-7 KubeFATE 命令列功能

KubeFATE 命令列工具的安裝過程與 Kubectl 類似，下載 FATE 提供的部署壓縮檔── kubefate-k8s-v1.5.0.tar.gz。

在解壓後，將其中的 kubefate 檔案上傳到伺服器，執行：

```
chmod +x ./kubefate && sudo mv ./kubefate /usr/bin
```

2）部署 KubeFATE Server

KubeFATE Server 以應用形式部署在 Kubernetes 上，提供 Restful APIs 用於互動，易於與企業已有的網管運行維護等系統整合。KubeFATE Server 一般與 FATE 部署在同一個 Kubernetes 叢集中。

在 kubefate-k8s-v1.5.0.tar.gz 壓縮檔裡已經包含了相關的 yaml 檔案 rbac-config.yaml，在部署機中執行：

```
kubectl apply -f ./rbac-config.yaml
```

rbac-config.yaml 範例檔案的內容如下：

```yaml
apiVersion: v1
kind: Namespace
metadata:
  name: kube-fate
  labels:
    name: kube-fate
---
apiVersion: v1
kind: ServiceAccount
metadata:
  name: kubefate-admin
  namespace: kube-fate
---
apiVersion: rbac.authorization.k8s.io/v1
kind: ClusterRoleBinding
metadata:
  name: kubefate
roleRef:
  apiGroup: rbac.authorization.k8s.io
  kind: ClusterRole
  name: cluster-admin
subjects:
  - kind: ServiceAccount
    name: kubefate-admin
    namespace: kube-fate
---
apiVersion: v1
kind: Secret
metadata:
  name: kubefate-secret
  namespace: kube-fate
type: Opaque
```

```
stringData:
  kubefateUsername: admin
  kubefatePassword: admin
  mariadbUsername: kubefate
  mariadbPassword: kubefate
```

在 rbac-config.yaml 中,第一部分內容的作用是建立一個命名空間
(namespace),如果已有命名空間,那麼可以省略這一部分,並在後續部
分中直接使用已建立好的命名空間,在範例中建立了命名空間 kube-fate。

```
apiVersion: v1
kind: Namespace
metadata:
  name: kube-fate
  labels:
    name: kube-fate
```

在 rbac-config.yaml 中,第二部分內容的作用是在已有的命名空間中建立
一個 Service Account,範例中在 kube-fate 下建立了 kubefate-admin。

```
apiVersion: v1
kind: ServiceAccount
metadata:
  name: kubefate-admin
  namespace: kube-fate #可修改為已建立的命名空間
```

在大多數情況下,在 Kubernetes 叢集架設完成之後,會建立好 ClusterRole
和 admin-Role,可以直接用來為新建立的 ServiceAccount 建立
ClusterRoleBinding。需要注意的是,apiVersion 應與 Kubernetes 版本相對
應,Kubernetes V1.8 以前版本的 apiVersion 為 rbac.authorization.k8s.io/v1。
apiVersion 可在 rbac-config.yaml 中設定。

```
apiVersion: rbac.authorization.k8s.io/v1
kind: ClusterRoleBinding
metadata:
  name: kubefate
roleRef:
  apiGroup: rbac.authorization.k8s.io
  kind: ClusterRole
  name: cluster-admin #可以修改為已有的 ClusterRole 使用者
subjects:
  - kind: ServiceAccount
    name: kubefate-admin
    namespace: kube-fate #可修改為已建立的命名空間
```

這部分包含了 KubeFATE 所使用的金鑰，包括 KubeFATE 和 MariaDB(MySQL)的用戶名與密碼，使用之前建議修改：

```
apiVersion: v1
kind: Secret
metadata:
  name: kubefate-secret
  namespace: kube-fate #可修改為已建立的命名空間
type: Opaque
stringData:
  kubefateUsername: admin #自訂
  kubefatePassword: admin #自訂
  mariadbUsername: kubefate #自訂
  mariadbPassword: kubefate #自訂
```

在命名空間、ServiceAccount 及金鑰等內容建立完畢後，可以開始在 kube-fate 命名空間中部署 KubeFATE Server，工作目錄包含了相關的設定檔，在確認當前 Kubernetes 管理員擁有建立 Pod、Service、Ingress 的許可權後，執行：

```
kubectl apply -f ./kubefate.yaml
```

在範例中，Ingress 的預設域名為 kubefate.net，可自行修改域名來存取 KubeFATE 服務，我們將 kubefate.yaml 中的 host 修改為 kubefate-test.d.ebchina.com。

執行 kubectl get all,ingress -n kube-fate 命令驗證 KubeFATE 部署情況。若出現如圖 6-4-8 所示的內容（重點查看 Pod 的狀態均為 Running 且保持穩定），則 KubeFATE 服務已部署成功並正常運行。

```
NAME                            READY   STATUS    RESTARTS   AGE
pod/kubefate-79fd9fbd84-9p5kr   1/1     Running   1          8d
pod/mariadb-6987b4ff65-sfnqh    1/1     Running   0          8d
pod/nginx                       2/2     Running   0          8d

NAME               TYPE        CLUSTER-IP      EXTERNAL-IP   PORT(S)    AGE
service/kubefate   ClusterIP   10.45.148.255   <none>        8080/TCP   8d
service/mariadb    ClusterIP   10.45.29.125    <none>        3306/TCP   8d

NAME                        READY   UP-TO-DATE   AVAILABLE   AGE
deployment.apps/kubefate    1/1     1            1           8d
deployment.apps/mariadb     1/1     1            1           8d

NAME                                   DESIRED   CURRENT   READY   AGE
replicaset.apps/kubefate-79fd9fbd84    1         1         1       8d
replicaset.apps/mariadb-6987b4ff65     1         1         1       8d

NAME                         HOSTS                          ADDRESS   PORTS   AGE
ingress.extensions/kubefate  kubefate-test.d.ebchina.com              80      8d
```

圖 6-4-8 KubeFATE 的服務狀態

3）驗證 KubeFATE 服務的聯通性

因為我們修改了 Ingress 中的 KubeFATE 服務域名，所以需要將 config.yaml 中的 serviceurl 換成 kubefate-test.d.ebchina.com，若曾修改過 KubeFATE 服務的用戶名和密碼，則需要在此檔案中做對應的修改。確認 config.yaml 檔案保存在當前的目錄下，然後驗證 KubeFATE 服務是否可用，執行：

```
./kubefate version
```

如圖 6-4-9 所示，若顯示 KubeFATE 的版本資訊，則代表安裝成功。

```
[root@c3cf6f5d659d home]# kubefate version
* kubefate commandLine version=v1.3.0
* kubefate service version=v1.3.0
```

圖 6-4-9 KubeFATE 的版本資訊

4）上傳 Chart 檔案

Chart 是 helm 打包應用的格式，由一系列描述 Kubernetes 部署應用所需資源情況的檔案組成，KubeFATE 提供了部署 FATE 叢集的 Chart 壓縮檔案，在 GitHub 的 KubeFATE 專案 release 頁面下載訓練叢集 Chart 壓縮檔案 fate-v1.5.0.tgz 和線上服務叢集 Chart 壓縮檔案 fate-serving-v2.0.0.tgz，在部署機上使用 kubefate 命令上傳：

```
kubefate chart upload -f fate-v1.5.0.tgz
kubefate chart upload -f fate-serving-v2.0.0.tgz
```

顯示上傳成功後可透過以下命令驗證上傳情況：

```
kubefate chart ls
```

3. 使用 KubeFATE 安裝 FATE

如圖 6-4-10 所示，我們的目標是部署兩個獨立的 FATE 叢集模擬參與聯邦的 2 個獨立機構，機構的 Party-ID 分別為 9999 和 10000。

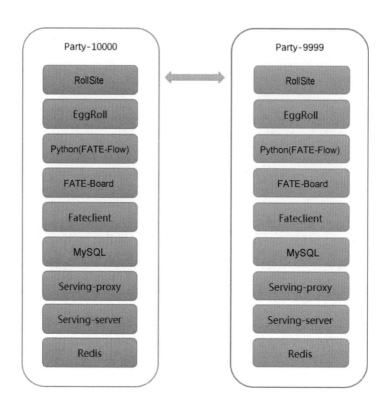

圖 6-4-10 參與機構部署目標

為了實現上述目標，首先應在 Kubernetes 上為兩個機構建立獨立的命名空間（namespace），然後在各自的命名空間下準備叢集設定檔。

1）建立命名空間

為 Party-9999 分配命名空間 federateai-training-9999 和 federateai-serving-9999，分別用於部署訓練和線上測試服務，與之類似，為 Party-10000 分配命名空間 federateai-training-10000 和 federateai-serving-10000，在部署機中執行以下命令：

```
kubectl create namespace federateai-training-9999
kubectl create namespace federateai-serving-9999
```

```
kubectl create namespace federateai-training-10000
kubectl create namespace federateai-serving-10000
```

2）編輯叢集設定檔

KubeFATE 安裝套件提供了部署 FATE-Training 設定範例 cluster.yaml 和
FATE-Serving 設定範例 cluster-serving.yaml。

依據 cluster.yaml 設定 fate-training-9999.yaml 的具體內容如下：

```
fate-training-9999.yaml
name: fate-training-9999
namespace: federateai-training-9999
chartName: fate
chartVersion: v1.5.0
partyId: 9999
registry: ""
imageTag: ""
pullPolicy:
imagePullSecrets:
- name: myregistrykey
persistence: false
istio:
  enabled: false
modules:
  - rollsite
  - clustermanager
  - nodemanager
  - mysql
  - python
  - fateboard
  - client

backend: eggroll
```

```
rollsite:
  type: NodePort
  nodePort: 30091
  partyList:
  - partyId: 10000
    partyIp: 25.0.11.02
    partyPort: 30101

python:
  type: NodePort
  httpNodePort: 30097
  grpcNodePort: 30092

servingIp: 25.0.11.01
servingPort: 30095
```

主要的注意點如下：

（1） name 為叢集名稱，應避免重複。

（2） namespace 對應之前建立的命名空間。

（3） KubeFATE 支援分模組部署，可以根據需求設定 modules。

（4） 在 rollsite 模組中刪除 exchange 部分。為了簡化設定，這裡使用點對點連接的方式。更改 partyList 部分，partyIp 應與 Party-10000 所在伺服器的 IP 位址保持一致，partyPort 應與 fate-training-10000.yaml檔案中設定的 NodePort 保持一致。

（5） 更改 servingIp 和 servingPort，與下述 fate-serving-9999.yaml 檔案中servingServer 設定的 IP 位址和 nodePort 保持一致。

依據 cluster-serving.yaml 設定 fate-serving-9999.yaml 的具體內容如下：

```
fate-serving-9999.yaml
name: fate-serving-9999
namespace: federateai-serving-9999
chartName: fate-serving
chartVersion: v2.0.0
partyId: 9999
registry: ""
pullPolicy:
persistence: false
istio:
  enabled: false
modules:
  - servingProxy
  - servingRedis
  - servingServer

servingProxy:
  nodePort: 30096
  ingerssHost: 9999.kubefate-test-serving-proxy.d.ebchina.com
  partyList:
  - partyId: 10000
    partyIp: 25.0.11.02
    partyPort: 30106
  nodeSelector: {}

servingServer:
  type: NodePort
  nodePort: 30095
  fateflow:
    ip: 25.0.11.01
    port: 30097
  subPath: ""
```

```
    existingClaim: ""
    storageClass: "serving-server"
    accessMode: ReadWriteOnce
    size: 1Gi
    nodeSelector: {}

servingRedis:
    password: fate_dev
    nodeSelector: {}
    subPath: ""
    existingClaim: ""
    storageClass: "serving-redis"
    accessMode: ReadWriteOnce
    size: 1Gi
```

name 和 namespece 等內容的修改規則與 fate-training-9999.yaml 設定檔中相關內容的修改規則類似。另外，還要注意以下幾點：

（1） 把 servingProxy 模組中的 ingerssHost 修改為雲端平台提供的域名格式，確認 partyList 中的對方節點 Party-10000 的 partyIP 和 partyPort 與其設定的 nodePort 保持一致。

（2） 使 servingServer 模組中 fateflow 與本方節點 Party-9999 中 python 模組的 httpNodePort 保持一致。

同理，在 Party-10000 的設定檔中確認各模組的 IP 位址和通訊埠編號相對應，具體內容參照節點 Party-9999 的設定檔。

```
fate-training-10000.yaml
name: fate-training-10000
namespace: federateai-training-10000
chartName: fate
chartVersion: v1.5.0
```

```
partyId: 10000
registry: ""
imageTag: ""
pullPolicy:
imagePullSecrets:
- name: myregistrykey
persistence: false
istio:
  enabled: false
modules:
  - rollsite
  - clustermanager
  - nodemanager
  - mysql
  - python
  - fateboard
  - client

backend: eggroll

rollsite:
  type: NodePort
  nodePort: 30101
  partyList:
  - partyId: 9999
    partyIp: 25.0.11.01
    partyPort: 30091

python:
  type: NodePort
  httpNodePort: 30107
  grpcNodePort: 30102

servingIp: 25.0.11.02
```

```
servingPort: 30105
fate-serving-10000.yaml
name: fate-serving-10000
namespace: fate-serving-10000
chartName: fate-serving
chartVersion: v2.0.0
partyId: 10000
registry: ""
pullPolicy:
persistence: false
istio:
  enabled: false
modules:
  - servingProxy
  - servingRedis
  - servingServer

servingProxy:
  nodePort: 30106
  ingerssHost: 10000.kubefate-test-serving-proxy.d.ebchina.com
  partyList:
  - partyId: 9999
    partyIp: 25.0.11.01
    partyPort: 30096
  nodeSelector: {}

servingServer:
  type: NodePort
  nodePort: 30105
  fateflow:
    ip: 192.168.10.1
    port: 30107
  subPath: ""
  existingClaim: ""
```

```
  storageClass: "serving-server"
  accessMode: ReadWriteOnce
  size: 1Gi
  nodeSelector: {}

servingRedis:
  password: fate_dev
  nodeSelector: {}
  subPath: ""
  existingClaim: ""
  storageClass: "serving-redis"
  accessMode: ReadWriteOnce
  size: 1Gi
```

3）部署叢集

在準備好設定檔後，可以在部署機上使用 kubefate cluster install 命令部署兩個 FATE 叢集，在安裝 KubeFATE 命令列工具的伺服器上執行：

```
    kubefate cluster install -f ./fate-training-9999.yaml
 kubefate cluster install -f ./fate-training-10000.yaml
    kubefate cluster install -f ./fate-serving-9999.yaml
    kubefate cluster install -f ./fate-serving-10000.yaml
```

6.4.4 FATE 叢集部署驗證

在使用三種方式部署完成後，需要進行通訊測試來驗證 FATE 叢集是否成功安裝，FATE 提供了 run_test、toy_example 和 min_test_task 測試。其中，run_test 是單元測試，用於測試本地環境安裝是否正確、完整。toy_example 利用兩方求和測試兩方 Party 的聯通性及各元件是否可用。min_test_task 從特徵選擇、特徵工程、模型訓練到模型預測模擬一個完整的聯合建模過程來進行測試。

1. run_test 單元測試

在 Guest 方和 Host 方執行以下命令進行單元測試：

```
CONTAINER_ID=`docker ps -aqf "name=fate"`
docker exec -t -i ${CONTAINER_ID} bash
bash ./python/federatedml/test/run_test.sh
```

若螢幕顯示以下內容，則表示測試成功：

```
there are 0 failed test
```

2. toy_example 測試

只需要到 Guest 方的/data/projects/fate/python/examples/toy_example/目錄下
執行：

```
python run_toy_example.py ${guest_party_id} ${host_party_id}
${work_mode}
```

其中，work_mode 為 0 表示單機版本，為 1 表示叢集版本。我們的實驗節
點是採用叢集方式部署的。一旦任務發起，伺服器上就可能會返回以下資
訊。

（1） Party ID 錯誤或通訊模組錯誤。

在任務發起後，若螢幕上沒有立刻輸出資訊，則通訊可能失敗，可
能是 guest_party_id 和 host_party_id 錯誤，也可能是通訊模組安裝
失敗。

（2） EggRoll 或通訊錯誤。

如果螢幕上輸出 jobid，並且顯示 "job running time exceed"，那麼檢
查通訊或 Host 方的 EggRoll 日誌。不然檢查 Guest 方的 EggRoll 日
誌。

（3） 任務成功，日誌顯示成功。

3. min_test_task 測試

本案例主要測試資料上傳、求交集、演算法。

在 Host 方中執行：

```
sh run.sh host ${task}
```

task 可選擇 fast 或 normal，fast 將使用 FATE 提供的 breast 資料集，normal 將使用 credit 資料集。在執行該命令後，得到上傳資料的表名和表格空間，需要將其告知 Guest 方。

在 Guest 方中執行：

```
sh run.sh guest ${task} ${host_table_name} ${host_namespace}
```

需要注意以下三點：

（1）在用 All-in-one 方式執行命令前需要先初始化環境變數：

```
source /data/projects/fate/init_env.sh
```

（2）在 Docker 環境下進入 python 容器的命令：

```
docker exec -it ${容器名} bash
```

（3）在 Kubernetes 環境下進入 python 容器的命令：

```
kubectl exec -it ${容器名} -n ${namespace} --/bin/bash
```

6.4.5 FATE 叢集設定管理及注意事項

1. 叢集網路設定管理

如圖 6-4-11 所示，FATE 節點一般可以透過 RollSite 元件直接連接。

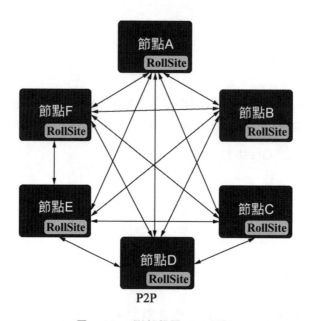

圖 6-4-11 聯邦學習 P2P 網路

RollSite 直連模式的路由表的設定範例如下，Party-9999 路由表設定檔 route_table.json 如下：

```
route_table.json
{
    "route_table": {
        "default": {
            "default": [
                {
                    "ip": "proxy",
                    "port": 9370
```

```
                }
            ]
        },
        "10000": {
            "default": [
                {
                    "ip": "25.0.11.02",
                    "port": 9370
                }
            ]
        },
        "9999": {
            "fateflow": [
                {
                    "ip": "python",
                    "port": 9360
                }]
        }
    },
    "permission": {
        "default_allow": true
    }
}
```

Party-10000 路由表設定檔 route_table.json 如下：

```
route_table.json
{
    "route_table": {
        "default": {
            "default": [
                {
                    "ip": "proxy",
                    "port": 9370
```

```
                }
            ]
        },
        "9999": {
            "default": [
                {
                    "ip": "25.0.11.01",
                    "port": 9370
                }
            ]
        },
        "10000": {
            "fateflow": [
            {
                "ip": "python",
                "port": 9360
            }]
        }
    },
    "permission": {
        "default_allow": true
    }
}
```

註：檔案路徑為 data/projects/fate/eggroll/conf/route_table.json。

當節點數增加時，如果採用 P2P 方式建構網路，那麼網路關係會變得複
雜，每增加一個新節點都需要為之前已有節點開通對應的通訊埠存取權
限，使用 Exchange 節點架設如圖 6-4-12 所示的星型網路，更便於在整個
聯邦學習網路中增加新節點。

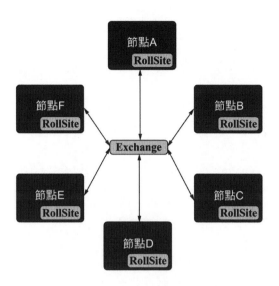

圖 6-4-12 聯邦學習星型網路

其中，Exchange 節點與各方路由表設定如下。

（1） 對於 All-in-one 部署方式，Exchange 節點的部署方法見 GitHub 官網 FATE 專案的部署文件（Install Exchange Step By Step Chinese guide）。

（2） 對於 Docker-Compose 部署方式，在 parties.conf 檔案中需要填寫 exchangeip，例如填寫 25.0.11.03。

（3） 對於 Kubernetes 部署方式，在各方的 yaml 檔案中需要填寫 Exchange 節點的 IP 位址和 nodePort 通訊埠。另外，需要準備 Exchange 節點的 yaml 檔案，該檔案只需要 RollSite 模組，設定項目中的 partyList 需要包括各方的 IP 位址和通訊埠，然後使用命令列工具部署。

對 Exchange 節點設定路由資訊，可以參考以下例子並手工設定，其設定檔路徑為/data/projects/fate/eggroll/conf/route_table.json。

```
{
  "route_table":
  {
    "9999":
    {
      "default":[
        {
          "port": 9370,
          "ip": "25.0.11.01"
        }
      ]
    },
    "10000":
    {
      "default":[
        {
          "port": 9370,
          "ip": "25.0.11.02"
        }
      ]
    }
  },
  "permission":
  {
    "default_allow": true
  }
}
```

需要連接 Exchange 節點與各節點的 RollSite 服務，需要修改/data/projects
/fate/eggroll/conf/route_table.json 部分，預設路由資訊指向部署好的
Exchange 節點，修改後需重新啟動 RollSite 服務。

```
"default": {
        "default": [
            {
                "ip": "25.0.11.03",
                "port": 9370
            }
        ]
    }
```

2. 注意事項

在叢集部署和管理的過程中，筆者遇到了很多問題，有些問題已經被提交 FATE 開放原始碼社區並進行了修改，有些問題可能包括一些具體的場景，需要進行對應的調整和設定管理，下面把常見的問題列出來供你參考。

1）關於複雜網路環境的設定管理問題

在部署 FATE 叢集時，對於 partyIp，應該填寫部署機本地的 IP 位址，但實際情況是所部署的伺服器在對外提供服務時，通常會對 IP 位址進行轉換，這一轉換可能是透過 NAT（Network Address Translation，網路位址編譯）方法對內網和外網位址進行轉換，如圖 6-4-13 所示。

透過對原始程式碼和 gRPC 框架分析，並進行多次實驗後發現，在這樣的網路環境中進行設定時，聯邦學習的任何一方在路由表中填寫其他方的 IP 位址時，需要注意的是，一定要填寫另一方部署機轉換後的 IP 位址，也就是能對外通訊的 IP 位址。另外，如果是叢集內部通訊，那麼一定要填寫轉換前的 IP 位址，這也是我們在實踐中複習出來的寶貴經驗。

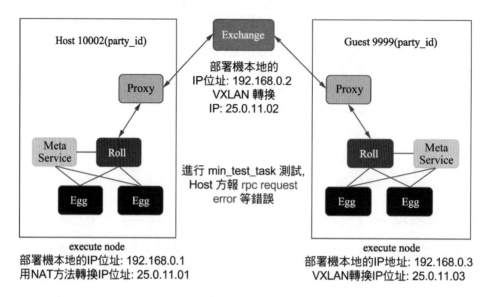

圖 6-4-13 複雜網路下的 FATE 設定

2）KubeFATE 服務逾時問題

使用 KubeFATE 部署 FATE 叢集時，每次呼叫 KubeFATE 服務都會出現請求逾時的問題。經過對介面日誌分析後發現，在 KubeFATE V1.3.0 版本中，呼叫服務時首先會驗證 config 檔案中設定的使用者，加密和解密的耗時通常超過 60s，雖然能透過驗證，但是超過了 Ingress 預設的逾時，因此在建立 KubeFATE 服務的 Ingress 時，要增加連接逾時設定。

```
apiVersion: extensions/v1beta1
kind: Ingress
metadata:
  name: kubefate
  namespace: federateai-kubefate
  annotations:
    kubernetes.io/ingress.class: nginx
    nginx.ingress.kubernetes.io/proxy-body-size: 10240m
    nginx.ingress.kubernetes.io/proxy-connect-timeout: "150"
    nginx.ingress.kubernetes.io/proxy-read-timeout: "150"
```

```
nginx.ingress.kubernetes.io/proxy-send-timeout: "150"
```

3）以 Kubernetes 叢集為基礎的資源設定問題

在使用 Kubernetes 部署 FATE 叢集時，每個機構的雲端環境並不都是穩定的。有的時候使用較大的資料集建模甚至運行前面提到的 min_test_task 測試案例，都會出現與 nodemanager-0 有關的未知網路中斷問題，簡要的日誌如下：

```
    1.federation.py[line:136]: remote fail, terminating process(pid=
4437);

    2.Caused by: com.webank.eggroll.core.error.CommandCallException:
 [COMMANDCALL] Error while calling serviceName: v1/egg-
pair/runTask to endpoint: nodemanager-0:46417;

    3.Caused by: java.util.concurrent.ExecutionException: io.grpc.St
atusRuntimeException: UNAVAILABLE: Network closed for unknown reason

    4.Caused by: io.grpc.StatusRuntimeException: UNAVAILABLE: Networ
k closed for unknown reason
```

經過仔細排除和研究，發現主要是因為在資源相對較少的容器雲端環境中 nodemanager-0 所需的記憶體資源不夠。在許多計算節點管理者（node manager）中，nodemanager-0 會充當主節點（master）角色，所以它所需的記憶體資源要相對多一些。在使用如表 6-4-5 所示的資源配額後，上述問題得到解決。

表 6-4-5 以 Kubernetes 為基礎的各元件最小設定建議

容器	CPU 核心數	記憶體大小（GB）
clustermanager	1	1
mysql	1	1

容器	CPU 核心數	記憶體大小（GB）
nodemanager	2	4
nodemanager-0	4	8
nodemanager-1	2	4
nodemanager-2	2	4
mysql（python）	1	1
python	4	8
client	1	2
fateboard	1	2
RollSite	2	4

6.5 與異質平台對接

6.5.1 與巨量資料平台對接

Spark 是目前較為先進的大規模資料處理系統，具有通用範圍廣、容錯性強、可擴充及高性能記憶體資料處理等特性，被廣泛應用於工業界。金融控股集團的巨量資料平台大多以 Spark 架設。本節將介紹如何使用 Spark 執行 FATE 下的聯邦學習任務。

FATE 開放原始碼平台從 V1.5.0 開始支援 Spark 作為其計算引擎。當使用 Spark 時，FATE 的整體架構如圖 6-5-1 所示。與 EggRoll 不同，Spark 是一個記憶體計算框架，不具備資料持久化功能，因此需要借助 HDFS 實現資料持久化，並且將 EggRoll 中 RollSite 模組完成聯邦傳輸工作拆分為由 Nginx 完成指令同步，由 RabbitMQ 完成訓練過程中訊息同步。

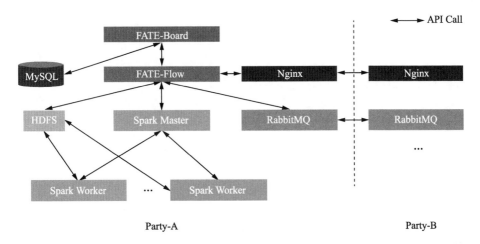

圖 6-5-1 FATE 的整體架構

因此，要想對接原有的巨量資料平台，首先應在設定檔中指定 HDFS、
Nginx 及 RabbitMQ 等服務，對 service_conf.yaml 檔案做以下修改：

```
fate_on_spark:
  spark:
    home: #SPARK_HOME
    cores_per_node: 20
    nodes: 2
  hdfs:
    name_node: hdfs://fate-cluster #修改為已有 HDFS NameNode
    path_prefix: # 預設路徑 /
  rabbitmq:
    host: 25.0.11.01
    mng_port: 12345
    port: 5672
    user: fate
    password: fate
    route_table: # 預設 conf/rabbitmq_route_table.yaml
  nginx:
    host: 25.0.11.01
```

```
     http_port: 9300
     grpc_port: 9310


然後，修改 rabbitmq_route_table.yaml 檔案：
9999:
  host: 25.0.11.01
  port: 5672
10000:
  host: 25.0.11.02
  port: 5672
```

主要修改內容如下：

（1）spark 模組 home 對應的 SPARK_HOME。

（2）把 hdfs 模組 name_node 設定為已有的節點。

（3）rabbitmq 服務的 IP 位址和通訊埠。

（4）nginx 服務的 IP 位址和通訊埠。

除了設定資訊，還需要在已有的 Spark 叢集中安裝依賴的 Python 套件，具體步驟是在所有需要運行聯邦學習任務的 Spark 的 Worker 節點中執行以下操作。

1. 建立設定檔目錄

```
mkdir -p /data/projects
cd /data/projects
```

2. 使用 miniconda 建立虛擬環境

```
miniconda3/bin/virtualenv -p /data/projects/miniconda3/bin/python3.6
 --no-wheel --no-setuptools --no-download /data/projects/python/venv
```

3. 下載 FATE 專案程式

```
git clone https://github.com/FederatedAI/FATE/tree/v1.5.0
echo "export PYTHONPATY=/data/projects/fate/python" >>
/data/projects/
python/venv/bin/activate
```

4. 修改虛擬環境中的 Python 函數庫

```
source /data/projects/python/venv/bin/activate
sed -i -e '23,25d' ./requirements.txt
pip install setuptools-42.0.2-py2.py3-none-any.whl
pip install -r /data/projects/python/requirements.txt
```

在完成上述設定後,重新啟動 FATE-Flow,就可以在 conf 檔案中指定 Spark 運行 FATE 任務,簡單的範例如下:

```
"job_parameters": {
    "work_mode": 0,
    "backend": 0,
    "spark_run": {
      "master": "spark://127.0.0.1:7077"
      "conf": "spark.pyspark.python=/data/projects/python/venv/
bin/python"
    },
  }
```

在需要運行 FATE 任務的 conf 檔案中修改 job_parameters 的部署,其中:

(1) 將 backend 指定為 0,表示使用 Spark 作為計算引擎。

(2) 將 master 根據實際情況設定為已有叢集的 master 節點機制,conf 為之前指定的運行環境,若沒有設定 spark_run 欄位,則預設讀取 spark-defaults.conf 中的設定,設定的欄位可以是 Spark 支援的任意參數。

FATE 對 Spark 的支持還處於開始階段，目前正在持續最佳化和迭代中，其便利性、穩定性和效率會逐步提升。

6.5.2 與區塊鏈平台對接

聯邦學習具有多使用者參與並共同獲益的特點，很可能存在獨立建模收益低於聯合建模或由於個別參與方利用資訊不對稱的優勢影響其他使用者收益的現象。這些現象會令聯邦學習的參與方因利益分配不均勻而放棄聯合建模。為了避免這種狀況發生，設計合理的激勵機制保證多使用者有動機參與聯合建模並從結果中公平獲益是非常重要的。借助區塊鏈對中繼資料資訊和模型參數持久化、管理資料操作的完整生命週期，能夠推動建立公平的合作機制，有利於激勵更多參與方加入資料聯邦。本節將介紹利用已有的區塊鏈 BaaS 平台，使用智慧合約技術管理聯合建模過程中的中繼資料和任務狀態參數，保證建模流程可信、可追溯。

區塊鏈是一種分散式帳本技術。將區塊鏈和 FATE 框架相結合，在邏輯上可以被簡單地瞭解為使 FATE 框架能支援一個新的儲存引擎，類似於將不同的資料保存到不同的 MySQL 表中，將模型的中繼資料、訓練過程中的參數及訓練任務運行狀態保存到不同的智慧合約中。

參考 FATE 中所有繼承 DataBaseModel 的子類別，以元件執行任務流程存證為例，首先應建立智慧合約中的資料儲存結構。

```
class Task(ContractModel):

contract_addr = Web3.toChecksumAddress(ContractAddressMap ['task'])
    json_abi = json.dumps(ContracABIMap['task'])

    def __init__(self):
        # multi-party common configuration
```

```
        self.f_job_id = ''
        self.f_component_name = ''
        self.f_task_id = ''
        self.f_task_version = 0
        self.f_status = ''
        # this party configuration
        self.f_role = ''
        self.f_party_id = ''
        self.f_run_ip = ''
        self.f_run_pid = 0
        self.f_party_status = ''
        self.f_create_time = 0
        self.f_update_time = 0
        self.f_start_time = 0
        self.f_end_time = 0

    def keys(self):
        return ['f_job_id', 'f_component_name', 'f_task_id',
'f_status', 'f_role',
        'f_party_id','f_run_ip', 'f_run_pid', 'f_party_status',
'f_create_time',
        'f_update_time','f_start_time', 'f_end_time', 'participant']

    def __getitem__(self, item):
        if item == "participant":
            return Web3.toChecksumAddress(participant)
        return getattr(self, item)
```

現有的區塊鏈 BaaS 平台以乙太坊實現為基礎,所以在 contract_addr 和
json_abi 中保存乙太坊上的合約地址及合約二進位程式介面(ABI)。需
要注意的是,participant 應為乙太坊中的帳戶地址,也就是聯邦學習參與
方所對應的乙太坊帳戶地址。

其次，建立一個 Adapter 用於建立乙太坊連接，以及與乙太坊上的合約進行互動，程式範例如下：

```python
class EthAdapter(object):
    def __init__(self):
        self.web3 =
Web3(Web3.HTTPProvider('http://25.0.11.5:30000'))
        self.web3.middleware_onion.inject(geth_poa_middleware,
layer=0)
        self.web3.eth.defaultAccount = self.web3.eth.accounts[0]
        self.contract = None

    def get_conn(self, addr, abi):
        return self.web3.eth.contract(address=addr, abi=abi)

    def get(self, key, contract_addr, json_abi):
        try:
            conn = self.get_conn(contract_addr, json_abi)
            res = conn.functions.getContent(key).call({'gas':
3000000})
            if res:
                LOGGER.info('get from contract, {}:{}'.
format(model.contract_addr, key))
            else:
                LOGGER.info('get from eth return nil, addr={}'.
format(model.contract_addr))
            return res
        except Exception as e:
            LOGGER.exception(e)
            LOGGER.error('get from eth failed')
            return None

    def create(self, model):
        try:
```

```
            conn = self.get_conn(model.contract_addr, model.json_abi)
            key = conn.functions.Create(**dict(model)).
transact({'gas': 3000000})
            LOGGER.info('set {}:{} into {}.'.format(model.f_job_id,
model.f_task_id, model.contract_addr))
            return key
        except Exception as e:
            LOGGER.exception(e)
            LOGGER.info('set {}:{} into {} failed.'.format(model.
f_job_id, model.f_task_id, model.contract_addr))


    def update(self, key, model):
        try:
            conn = self.get_conn()
            tx_hash = conn.functions.UpdateContent(key,
**dict(model)).
transact({'gas': 3000000})
            tx_receipt = self.web3.eth.waitForTransactionReceipt
(tx_hash)
            log_to_process = tx_receipt['logs'][0]
            log = conn.events.Receipt().processLog(log_to_process)
            res = log.args.res
            key = Web3.toHex(res)
            LOGGER.info('update {} into {}.'.format(key, model.
contract_addr))
        except Exception as e:
            LOGGER.exception(e)
            LOGGER.info('update {} into {} failed.'
                .format(key, model.contract_addr))
```

Web3 是乙太坊官方提供的用於連接乙太坊節點的一套 API，可以透過
HTTP 與節點通訊，呼叫合約並監聽合約狀態，在 EthAdapter 類別中實現
連接乙太坊節點及對乙太坊合約的建立、更新、查詢操作。

透過以 ContractModel 為基礎類別實現不同的子類別支持不同的存證合約,包括訓練資料的中繼資料、模型中繼資料、狀態資料等,然後在演算法元件中或在 FATE-Flow 的 task_scheduler.py 檔案中選擇合適的時機建立 EthAdapter 物件並呼叫與合約互動的方法,最終實現聯邦學習和區塊鏈相結合的目標。

6.5.3 多參與方自動統計任務

由於資料隱私保護的需要,在使用 FATE 進行資料分析的過程中,不僅有關聯合建模,還包括一些資料港中的統計分析任務。舉例來說,資料集合併、求交、求和、求平均等。這些任務的運行頻率往往高於建模任務的運行頻率,需要每日按時運行。因此,需要自動化地串聯資料連線和資料分析任務。本節將介紹如何以檔案監聽機制和 FATE-Flow SDK 為基礎實現如圖 6-5-2 所示的資料統計任務自動化流程。

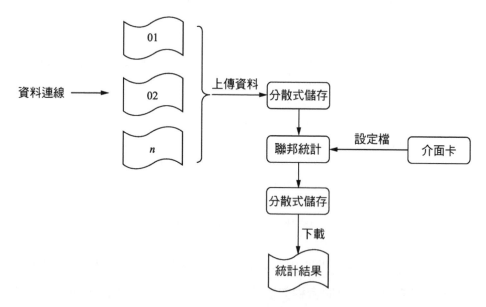

圖 6-5-2 資料統計任務自動化流程

1. 資料獲取和監聽

資料獲取服務和聯邦學習可以共用同一個目錄用於存放結構化資料，當擷取完成後，透過專線將資料傳輸到該指定目錄下。舉例來說，/data 目錄。Inotify 是 Linux 提供的檔案系統監聽機制，可以監控檔案新增、修改、刪除等操作。以 Inotify 機制可以實現檔案監聽功能，以下例：

```python
import os
import pyinotify
from functions import *
from job_manager import Job

WATCH_PATH = ''   # 監控目錄
job = Job()
......
class OnIOHandler(pyinotify.ProcessEvent):
    def process_IN_CREATE(self, event):
        if event.name == "statistic_data.csv":
            job.start()
            wlog('Action', "create file: %s " % os.path.join(event.
path, event.name))

    def process_IN_MODIFY(self, event):
        if event.name == "statistic_data.csv":
            job.start()
            wlog('Action', "modify file: %s " % os.path.join(event.
path, event.name))

def auto_compile(path='.'):
    wm = pyinotify.WatchManager()
    mask = pyinotify.IN_CREATE | pyinotify.IN_DELETE |
pyinotify.IN_MODIFY
    notifier = pyinotify.ThreadedNotifier(wm, OnIOHandler())
    notifier.start()
    wm.add_watch(path, mask, rec=True, auto_add=True)
    wlog('Start Watch', 'Start monitoring %s' % path)
```

```
    while True:
        try:
            notifier.process_events()
            if notifier.check_events():
                notifier.read_events()
        except KeyboardInterrupt:
            notifier.stop()
            break

if __name__ == "__main__":
    auto_compile(WATCH_PATH)
```

當監聽器發現建立或修改資料描述檔案時，表示待統計資料已傳輸完畢，
接下來應完成資料自動上傳、統計、下載的流程。

2. 自動統計流程實現

FATE 任務中有兩個必需的設定檔，即 conf 檔案和 dsl 檔案。因此，需先
自動化生成這兩個設定檔。由於這些任務需求相對固定，可以預先設計標
準化任務設定檔，生成設定檔的介面卡，當每次發起任務時，根據任務類
型選擇不同的統計設定範本，僅需依照資料檔案名稱修改設定檔中的
tablename 和 namespace 欄位，便可以透過 FATE-Flow 將任務提交到
FATE 框架中，具體如下。

首先，參考 FATE 開放原始碼社區提供的 flow_sdk 連接 FATE 訓練服務：

```
client = MyClient('127.0.0.1', 9000, 'v1')
class MyClient(BaseFlowClient):
    def __init__(self, ip, port, version):
        super().__init__(ip, port, version)
        self.API_BASE_URL = 'http://%s:%s/%s/' % (ip, port, version)
```

其次，依次生成設定檔並呼叫資料上傳、資料統計、資料下載任務。需要注意的是，由於每步的完成都需要一定的時間，因此需要透過監聽任務完成狀態，實現同步。

```
def submit(self, conf_path, dsl_path=None, job_name,
file_name=None):
    if not os.path.exists(conf_path):
        raise FileNotFoundError('Invalid conf path, file not
exists.')
    kwargs = locals()
    config_data, dsl_data = ConfigAdapter(**kwargs)
    post_data = {
        'job_dsl': dsl_data,
        'job_runtime_conf': config_data
    }
def upload(self, conf_path, verbose=0, drop=0):
    kwargs = locals()
    kwargs['drop'] = int(kwargs['drop']) if int(kwargs['drop']) else 2
    kwargs['verbose'] = int(kwargs['verbose'])
    config_data, dsl_data = ConfigAdapter(**kwargs)
return self._post(url='data/upload', json=config_data)


def download(self, conf_path):
kwargs = locals()
config_data, dsl_data = ConfigAdapter(**kwargs)
response = self._post(url='data/download', json=config_data)
try:
if response['retcode'] == 999:
start_cluster_standalone_job_server()
            return self._post(url='data/download', json=config_data)
    else:
        return response
    except:
        pass
```

6.5 與異質平台對接

聯邦學習平台實踐之
建模實戰

傳統的風控模型架設往往以使用者為基礎的信用特徵，訓練邏輯回歸來評估信貸使用者的逾期風險。透過多方符合規範的聯邦資料建模，風控模型的效果往往得到顯著的提升。本章結合金融控股集團內部成員企業的信貸風控業務訴求，在 FATE 叢集上完整地介紹水平和垂直聯邦邏輯回歸的實踐操作，包括資料準備、模型訓練、效果評價和模型預測。

7.1 水平聯邦學習場景

7.1.1 建模問題與環境準備

在該實踐場景中，金融控股集團內部成員企業分別提供樣本不同而特徵相同的資料集。每個資料集均包括使用者年齡、性別、婚姻狀況、過去的帳單金額、還款情況等 9 個特徵變數和表現期內是否逾期這一目標變數。

實踐演算法：水平聯邦邏輯回歸。

實踐流程：如圖 7-1-1 所示。

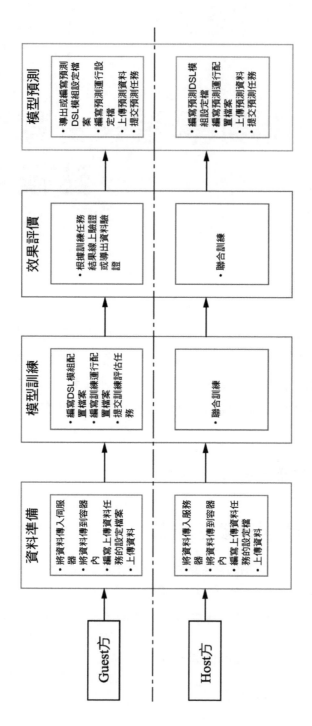

圖 7-1-1 水平聯邦學習實踐流程圖

實踐環境：集團雲端桌面、FATE 1.5.0 Docker 叢集版本。

1. Host 方的實踐環境

（1）伺服器地址。

```
25.2.16.110 party_id:9999。
```

（2）建立專案路徑。

```
$mkdir /data/projects/fate/python/fate_jobs/homo_lr
```

（3）資料集。

訓練集 credit_host_train.csv，測試集 credit_host_test.csv，預測集
credit_host_ predict.csv。

（4）設定檔。

上傳資料任務的設定檔如下。

上傳訓練資料：upload_host_train_conf.json。

上傳測試資料：upload_host_test_conf.json。

上傳預測資料：upload_host_predict_conf.json。

預測任務的設定檔如下。

DSL 模組設定檔：host_predict_dsl.json。

預測運行設定檔：host_predict_conf.json。

2. Guest 方的實踐環境

（1）伺服器地址。

```
25.2.16.109 party_id:10000。
```

（2）建立專案路徑。

```
$mkdir /data/projects/fate/python/fate_jobs/homo_lr
```

（3）資料集。

訓練集 credit_guest_train.csv，測試集 credit_guest_test.csv，預測集 credit_guest_predict.csv。

（4）設定檔。

上傳資料任務的設定檔如下。

上傳訓練資料：upload_guest_train_conf.json。
上傳測試資料：upload_guest_test_conf.json。
上傳預測資料：upload_guest_predict_conf.json。

訓練任務的設定檔如下。

DSL 模組設定檔：homo_lr_train_dsl.json。
訓練運行設定檔：homo_lr_train_conf.json。

預測任務的設定檔如下。

DSL 模組設定檔：guest_predict_dsl.json。
預測運行設定檔：guest_predict_conf.json。

7.1.2 水平聯邦學習建模實踐過程

在 FATE 叢集上，我們將該實踐過程劃分為 4 個組成部分，分別是資料準備、模型訓練、效果評價和模型預測。接下來，我們詳細介紹上述 4 個組成部分的實踐結果。

1. 資料準備

資料準備包含將資料傳入 Host 方（Guest 方）伺服器、將資料從伺服器容器外傳到容器內、撰寫上傳資料任務的設定檔和上傳資料到聯邦學習平台。

（1）將資料傳入 Host 方（Guest 方）伺服器。

（2）使用指令 "docker cp {容器外路徑} {容器名:容器內專案路徑}" 將資料從伺服器容器外傳到容器內，並使用以下指令進入專案路徑。

① 查看容器 ID。

```
docker ps
```

② 進入容器。

```
docker exec -it {容器 ID} bash
```

③ 進入專案路徑。

```
cd /data/projects/fate/python/fate_jobs/homo_lr_credit
```

（3）撰寫上傳資料任務的設定檔

以訓練集 credit_guest_train.csv 的設定檔 upload_guest_train_conf.json 為例。

```
{
    "file":"/data/projects/fate/python/fate_jobs/homo_lr_credit/
credit_guest_train.csv",
    "id_delimiter":",",
    "head":1,
    "partition":4,
    "work_mode":1,
    "backend":0,
    "namespace":"homolr",
```

```
    "table_name": "credit_guest_train"
}
```

以下為參數含義，加 "*" 的為關鍵參數。

*file: 檔案路徑。

id_delimiter：分隔符號。

partition：指定用於儲存資料的分區數。

*work_mode：指定工作模式。0 代表單機版，1 代表叢集版。

backend：指定後端。0 代表 EGGROLL，1 代表 SPARK。

namespace 和 *table_name：儲存資料表的識別符號。

（4）上傳資料到聯邦學習平台。

① 使用 upload 命令上傳資料。

```
flow data upload -c {任務設定檔路徑}
```

例如：

```
flow data upload -c upload_guest_train_conf.json
```

② 進入 FATE-Board（http://25.2.16.109:8080），顯示資料上傳成功，如圖 7-1-2 所示。

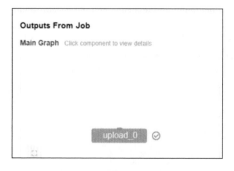

圖 7-1-2 資料上傳成功

③ Host 方和 Guest 方用同樣的方式分別上傳需要用的所有資料集。

Host 方：訓練集 credit_host_train.csv、測試集 credit_host_test.csv。

Guest 方：訓練集 credit_guest_train.csv（在上面的例子中已上傳）、測試集 credit_guest_test.csv。

2. 模型訓練

模型訓練包含撰寫 DSL 模組設定檔、訓練運行設定檔，以及提交訓練評估任務。

1）撰寫 DSL 模組設定檔

DSL 模組設定檔用於定義所用到的模組與模組間的輸入和輸出連接。

模組定義在 "components" 之下，需要包括以下幾項。

module：模組名稱。

input：輸入。

output：輸出。

必須包括的模組是 Reader，用於讀取上傳的資料。Reader 模組只定義輸出，如下所示。

```
"reader_0":{
    "module": "Reader",
    "output": {
        "data": [
            "data"
        ]
    }
}
```

本案例使用的其他模組包括 DataIO、HomoLR 和 Evaluation。

每個模組都需要定義輸入和輸出，輸入和輸出可以是 data 和 model 兩種類型，如下所示。

（1）資料轉化。

```
"dataio_0":{
        "module": "DataIO",
        "input": {
            "data": [
                "data": [
                    "reader_0.data"
                ]
            ]
        },
        "output":{
            "data":[
                "data"
            ],
            "model":[
                "model"
            ]
        }
}
```

（2）水平聯邦模型訓練。輸入訓練集資料，輸出訓練集預測結果資料和邏輯回歸模型。

```
"homo_lr_0":{
    "module": "HomoLR",
    "input": {
        "data": [
            "train_data":[
                "dataio_0.data"
            ]
        ]
```

```
    },
    "output":{
        "data":[
            "data"
        ],
        "model":[
            "model"
        ]
    }
}
```

（3）水平聯邦模型驗證。輸入測試集資料和邏輯回歸模型，輸出測試集
預測結果資料。

```
"homo_lr_1":{
    "module": "HomoLR",
    "input": {
        "data": [
            "test_data":[
                "dataio_1.data"
            ]
        ],
        "model":[
            "homo_lr_0.model"
        ]
    },
    "output":{
        "data":[
            "data"
        ],
        "model":[
            "model"
        ]
```

（4）輸入訓練集和測試集，對其做模型評價。

```
"evaluation_0":{
    "module": "Evaluation",
    "input": {
        "data": [
            "data": [
                "homo_lr_0.data",
                "homo_lr_1.data"
            ]
        ]
    },
    "output":{
        "data":[
            "data"
        ]
    }
}
```

2）撰寫訓練運行設定檔

訓練運行設定檔用於定義建模參與方資訊和每個模組的參數，包括以下幾項。

（1）　dsl_version：使用 DSL V2。

（2）　initiator：建模發起者。

（3）　role：所有建模參與方的基本資訊。

（4）　job_parameters：任務參數設定，設定 job_type 和 work_mode。在 "common" 欄位中設定所有參與方的任務參數，在 "role" 欄位中設定每個參與方獨自所有的任務參數。

（5）　components_parameters：各模組的參數設定，類似於 job_parameters 中的設定方式。下面以 homo_lr_train_conf.json 為例。

```
"component_parameters":{
    "common":{
        "dataio_0":{
            "with_label":true,
            "output_format":"dense"
        },
        "homo_data_split_0":{
            "test_size":0.0,
            "validate_size":0.3,
            "stratified":true
        },
        "homo_lr_0":{
            "penalty": "L2",
            "tol": 1e-5,
            "alpha": 0.01,
            "optimizer":"rmsprop"
            "max_iter": 20,
            "batch_size": 320,
            "learning_rate": 0.10,
            "init_param": {
                "init_method": "zeros"
            },
            "encrypt_param":{
                "method":null
            },
            "early_stop":"diff",
            "cv_param": {
                "n_splits": 4,
                "shuffle": false,
                "random_seed": 103,
                "need_cv": false,
            },
            "validation_freqs":1
        },
        "evaluation_0":{
            "eval_type":"binary"
```

```
        }
    },
    "role":{
        "host":{
            "0":{
                "evaluation_0":{
                    "need_run":false
                },
                "reader_1":{
                    "table":{
                        "name":"credit_host_test",
                        "namespace":"homolr"
                    }
                },
                "reader_0":{
                    "table":{
                        "name":"credit_host_train",
                        "namespace":"homolr"
                    }
                }
            }
        },
        "guest":{
            "0":{
                "reader_1":{
                    "table":{
                        "name":"credit_guest_test",
                        "namespace":"homolr"
                    }
                },
                "reader_0":{
                    "table":{
                        "name":"credit_guest_train",
                        "namespace":"homolr"
                    }
                }
```

```
                }
            }
        }
}
```

3）提交訓練評估任務

（1）使用 submit 命令提交 Pipeline 任務。

```
flow job submit -c {運行設定檔路徑} -d {DSL 模組設定檔路徑}
```

例如：

```
flow job submit -c homo_lr_train_conf.json -d homo_lr_train_dsl.json
```

（2）在提交成功後，可以看到模型資訊（在後面的預測流程中會使用），如圖 7-1-3 所示。

```
"model_info": {
    "model_id": "arbiter-9999#guest-10000#host-9999#model",
    "model_version": "202102020201541424660379"
},
```

圖 7-1-3 模型資訊

3. 效果評價

效果評價是指在模型訓練模組運行成功後，查看預測結果和評價模型效果。

根據提交任務成功後所得的模型資訊（如圖 7-1-3 所示），在聯邦學習平台的 FATE-Board 上查看訓練結果。

（1）各模組運行成功，如圖 7-1-4 所示。

（2）點擊 "homo_lr_0" → "view output" → "model output" 選項，查看模型訓練結果，如圖 7-1-5 所示。

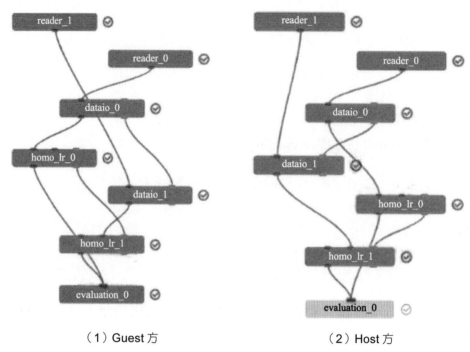

（1）Guest 方　　　　　　　　　　　　（2）Host 方

圖 7-1-4 訓練任務運行介面

HomoLR: homo_lr_0

| | model output | data output | log | | | | | | downLoad: | |

iterations: 5
converged: false

index	variable ⇕	weight ⇕
1	x8	-0.058156
2	x9	-0.345559
3	x0	0.068670
4	x1	0.252352
5	x2	-0.090120
6	x3	-0.108060
7	x4	-0.105745
8	x5	-0.028353
9	x6	-0.315509
10	x7	0.489921

< **1** 2 >

圖 7-1-5 模型訓練結果

（3）點擊 "homo_lr_1" → "view output" → "data output" 選項，可以查看
測試集的預測結果，如圖 7-1-6 所示。

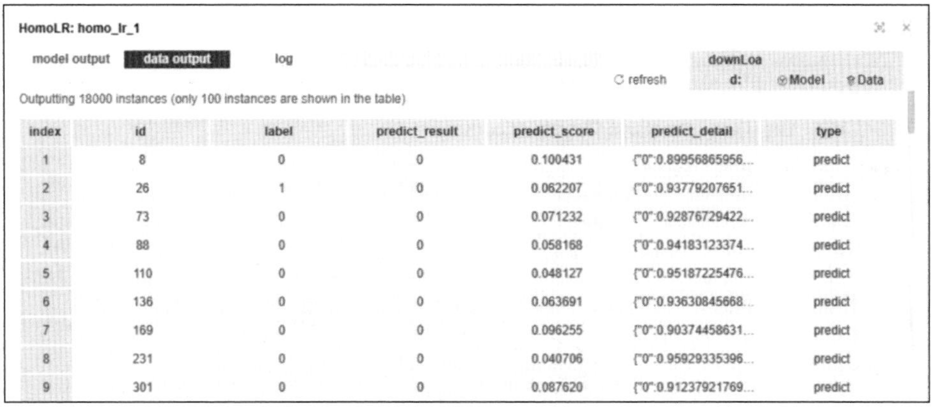

圖 7-1-6 測試集的預測結果

可將資料匯出，進行本地驗證，其提交命令為

```
flow component output-data -j {JOB_ID} -r {role} -p {port} -cpn
{module} --output-path .
```

在本例子中，提交命令為

```
flow component output-data -j 2021020201541424660379 -r guest -p
10000 -cpn homo_lr_1 --output-path .
```

（4）點擊 "evaluation_0" → "view output" 選項，可以查看訓練集和測試集
預測結果的評價指標，如圖 7-1-7 所示。

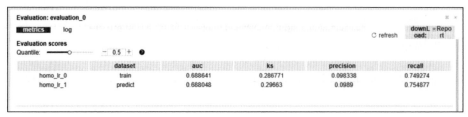

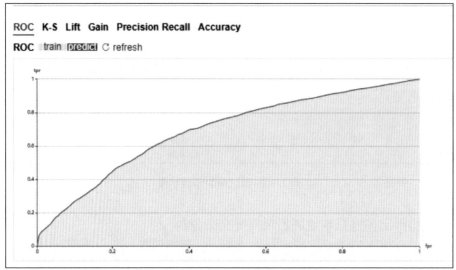

圖 7-1-7 訓練集和測試集的評價指標

評價指標僅可在 Guest 方進行查看。

4. 模型預測

模型預測包含 Guest 方離線預測和 Host 方離線預測。

對 Guest 方離線預測來説,該過程由上傳預測資料、匯出或撰寫預測 DSL 模組設定檔、撰寫預測運行設定檔、提交預測任務和匯出預測結果組成。

1)上傳預測資料

由於這裡使用的是離線預測模式,需要上傳預測用的資料,操作同第一步的資料準備。

2）匯出或撰寫預測 DSL 模組設定檔

（1）可以透過指令匯出預測 DSL 模組設定檔。

```
flow job dsl --train-dsl-path {訓練 DSL 模組設定檔路徑} --cpn-list {模組
名稱} -o {匯出路徑}
```

例如：

```
flow job dsl --train-dsl-path homo_lr_train_dsl.json --cpn-list
"reader_0,dataio_0,homo_lr_0" -o .
```

（2）可以自己撰寫預測 DSL 模組設定檔。

```
{
    "components":{
        "reader_0":{
            "module":"Reader",
            "output":{
                "data":[
                    "data"
                ]
            }
        },
        "dataio_0":{
            "module":"DataIO",
            "input": {
                "model":[
                    Pipeline.dataio.data
                ],
                "data": {
                    "data":[
                        "reader_0.data"
                    ]
                }
```

```
                },
                "output":{
                    "data":[
                        "data"
                    ]
                }
            },
            "homo_lr_0":{
                "module":"HomoLR",
                "input":{
                    "model":[
                        Pipeline.homo_lr_0.model"
                    ],
                    "data":{
                        "test_data":[
                            "dataio_0.data"
                        ]
                    }
                },
                "output":{
                    "data":[
                        "data"
                    ]
                }
            }
        }
    }
}
```

3）撰寫預測運行設定檔

```
{
    "dsl_version":2,
    "initiator":{
        "role":"guest",
```

```
        "party_id":10000
    },
    "role":{
        "guest":[
            10000
        ],
        "host":[
            9999
        ],
        "arbiter":[
            9999
        ]
    },
    "job_parameters":{
        "common":{
            "work_mode":1,
            "backend":0,
            "job_type":predict,
            "model_id":"arbiter-9999#guest-10000#host-9999#model",
            "model_version":"20210202015414244660379"
        }
    },
    "component_parameters":{
        "common":{
            "dataio_0":{
            "with_label":true,
            "output_format":"dense"
            }
        },
        "role":{
            "guest":{
                "0":{
                    "reader_0":{
                        "table":{
```

```
                            "name":"credit_guest_predict",
                            "namespace":"homolr"
                    }
                }
            }
        },
        "host":{
            "0":{
                "reader_0":{
                    "table":{
                        "name":"credit_guest_predict",
                        "namespace":"homolr"
                    }
                }
            }
        }
    }
}
```

需要注意以下幾點。

（1） initiator：填寫 Guest 方的資訊。

（2） job_parameters：填寫訓練任務提交成功時獲得的模型資訊（如圖 7-1-3 所示）。

（3） component_parameters: Guest 方填寫需要預測的資料集名稱，Host 方填寫 Host 方上傳的預測資料集名稱。

4）提交預測任務

使用 submit 命令提交任務，如：

```
flow job submit -c guest_predict_conf.json -d guest_predict_dsl.json
```

預測任務運行介面如圖 7-1-8 所示。

ind ex	id	label	predict_result	predict_score	predict_detail	type
1	4	0	0	0.115584	{"0":0.88441...	predict
2	22	1	0	0.080023	{"0":0.91997...	predict
3	37	0	0	0.095181	{"0":0.90481...	predict
4	44	0	0	0.108069	{"0":0.89193...	predict
5	55	0	0	0.115174	{"0":0.88482...	predict
6	84	0	0	0.067883	{"0":0.932116...	predict
7	95	0	0	0.082523	{"0":0.91747...	predict
8	103	0	0	0.073858	{"0":0.92614...	predict
9	118	0	0	0.068550	{"0":0.93144...	predict
10	147	0	0	0.059479	{"0":0.94052...	predict

圖 7-1-8 預測任務運行介面

5）匯出預測結果

```
flow component output-data -j {JOB_ID} -r {role} -p {port} -cpn
homo_lr_0 --output-path .
```

例如：

```
flow component output-data -j 20210202201541434260380 -r guest -p
10000 -cpn homo_lr_1 --output-path .
```

同樣，Host 方離線預測也包含上述 5 個步驟。

1）上傳預測資料
由於這裡使用的是離線預測模式，需要上傳預測用的資料，操作同第一步的資料準備。

2）撰寫預測 DSL 模組設定檔
Host 方如果之前沒有自行運行訓練任務，那麼不能從訓練任務中自動匯出 DSL 模組設定檔，需使用者自己撰寫，可以參照 Guest 方的 DSL 模組設定檔自行撰寫，修改部分參數資訊。

3）撰寫預測運行設定檔

參照 Guest 方的檔案，需要修改以下部分。

（1）initiator：填寫 Host 方的資訊。

```
"initiator":{
    "role":"host",
    "party_id":9999
}
```

（2）component_parameters: Host 方填寫需要預測的資料集名稱，Guest 方填寫 Guest 方上傳的任一資料集名稱。

4）提交預測任務

使用 submit 命令提交任務，如：

```
flow job submit -c host_predict_conf.json -d host_predict_dsl.json
```

5）匯出預測結果

```
flow component output-data -j {JOB_ID} -r {role} -p {port} -cpn
homo_lr_0 --output-path .
```

例如：

```
flow component output-data -j 20210225100736860073121 -r host -p 9999
-cpn homo_lr_0 --output-path .
```

可以在專案路徑下看到匯出的資料夾和資料夾下的預測結果，如圖 7-1-9 所示。

```
job_20210225100736860073121_homo_lr_0_host_9999_output_data

(venv) [root@3d25effaf2cc job_20210225100736860073121_homo_lr_0_host_9999_output_data]# 1
data.csv  data.meta
```

圖 7-1-9 預測結果

7.2 垂直聯邦學習場景

7.2.1 建模問題與環境準備

在該實踐場景中，金融控股集團內部成員企業分別提供樣本重疊但特徵不同的資料集。其中，Guest 方資料集包括歷史帳單金額、履約行為等 13 個特徵變數和表現期內是否逾期這一目標變數，而 Host 方資料集包括使用者基礎資訊和保險核保資訊等 10 個特徵變數。

實踐演算法：垂直聯邦邏輯回歸。
實踐流程：如圖 7-2-1 所示。
實踐環境：集團雲端桌面、FATE 1.5.0 Docker 叢集版本。

1. Host 方的實踐環境

（1）伺服器地址。

```
25.2.16.110 party_id:9999。
```

（2）建立專案路徑。

```
$mkdir /data/projects/fate/python/fate_jobs/hetero_lr
```

（3）資料集。

訓練集 heterolr_host_train.csv，測試集 heterolr_host_test.csv，預測集 heterolr_ host_predict.csv。

（4）設定檔。
上傳資料任務的設定檔如下。
上傳訓練資料：upload_host_train_conf.json。
上傳測試資料：upload_host_test_conf.json。
上傳預測資料：upload_host_predict_conf.json。

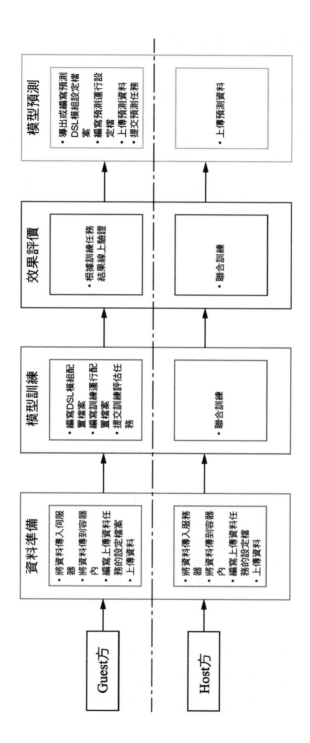

圖 7-2-1 垂直聯邦實踐流程圖

2. Guest 方的實踐環境

（1）伺服器地址。

```
25.2.16.109 party_id:10000。
```

（2）建立專案路徑。

```
$mkdir /data/projects/fate/python/fate_jobs/hetero_lr
```

（3）資料集。

訓練集 heterolr_guest_train.csv，測試集 heterolr_guest_test.csv，預測集 heterolr_guest_predict.csv。

（4）設定檔。

上傳資料任務的設定檔如下。

上傳訓練資料：upload_guest_train_conf.json。

上傳測試資料：upload_guest_test_conf.json。

上傳預測資料：upload_guest_predict_conf.json。

訓練任務的設定檔如下。

DSL 模組設定檔：heterolr_train_dsl.json。

訓練運行設定檔：heterolr_train_conf.json。

預測任務的設定檔如下。

DSL 模組設定檔：guest_predict_dsl.json。

預測運行設定檔：guest_predict_conf.json。

7.2.2 垂直聯邦學習建模實踐過程

同樣，垂直聯邦學習建模實踐過程也被劃分為 4 個組成部分，分別是資料準備、模型訓練、效果評價和模型預測。

1. 資料準備

資料準備包含將資料傳入 Host 方（Guest 方）伺服器、將資料從伺服器容器外傳到容器內、撰寫上傳資料任務的設定檔和上傳資料到聯邦學習平台，與 7.1.2 節水平聯邦學習建模一致。

用同樣的方式上傳 Host 方和 Guest 方需要用的所有資料集。

（1） Host 方：訓練集 heterolr_host_train.csv、測試集 heterolr_host_test.csv。

（2） Guest 方：訓練集 heterolr_guest_train.csv、測試集 heterolr_guest_test.csv。

2. 模型訓練

模型訓練包含撰寫 DSL 模組設定檔、訓練運行設定檔，以及提交訓練評估任務。

1）撰寫 DSL 模組設定檔

本案例使用的模組包括 DataIO、Intersection、Hetero_lr 和 Evaluation。其中，Intersection 模組是垂直聯邦學習中特別的模組，下面僅單獨介紹此模組的設定，其他模組的設定可參考水平聯邦學習建模案例。

Intersection 模組用於將雙方的資料集取交集。intersection_0 將 Guest 方和 Host 方的訓練集取交集，intersection_1 將 Guest 方和 Host 方的測試集取交集。

```
"intersection_0": {                      "intersection_1":{
   "module": "Intersection",                "module":
"Intersection",                            "Intersection",
   "input": {                               "input": {
     "data": {                                "data": {
       "data": [                                "data": [
```

```
        "dataio_0.data"                        "dataio_1.data"
      ]                                      ]
    }                                      }
  },                                    },
  "output": {                           "output": {
    "data": [                             "data": [
      "data"                                "data"
    ],                                    ]
    "model": [                          }
      "model"                         },
    ]
  }
},
```

2）撰寫訓練運行設定檔

訓練運行設定檔用於定義每個模組的參數，包括 role、job_parameters 和 components_parameters 等。其中，components_ parameters 不同於 7.1.2 節。

components_parameters 是各元件參數設定。下面以 heterolr_train_conf.json 為例。

```json
"component_parameters": {
    "common": {
        "dataio_0": {
            "output_format": "dense"
        },
        "hetero_lr_0": {
            "penalty": "L2",
            "tol": 0.0001,
            "alpha": 0.01,
            "optimizer": "rmsprop",
            "batch_size": -1,
            "learning_rate": 0.15,
            "init_param": {
                "init_method": "zeros"
```

```
            },
            "max_iter": 30,
            "early_stop": "diff",
            "cv_param": {
                "n_splits": 5,
                "shuffle": false,
                "random_seed": 103,
                "need_cv": false
            },
            "sqn_param": {
                "update_interval_L": 3,
                "memory_M": 5,
                "sqmple_size": 5000,
                "random_seed": null
            }
        },
    "role": {
        "guest": {
            "0": {
                "reader_0": {
                    "table": {
                        "name": "heterolr_guest_train",
                        "namespace": "heterolr"
                    }
                },
                "reader_1": {
                    "table": {
                        "name": "heterolr_guest_test",
                        "namespace": "heterolr"
                    }
                },
                "dataio_0": {
                    "with_label": true
                }
            }
        },
```

```
        "host": {
            "0": {
                "reader_0": {
                    "table": {
                        "name": "heterolr_host_train",
                        "namespace": "heterolr"
                    }
                },
                "reader_1": {
                    "table": {
                        "name": "heterolr_host_test",
                        "namespace": "heterolr"
                    }
                },
                "dataio_0": {
                    "with_label": false
                }
            }
        }
    }
}
```

3）提交訓練評估任務

（1）使用 submit 命令提交 Pipeline 任務。

```
flow job submit -c {運行設定檔路徑} -d {DSL 模組設定檔路徑}
```

例如：

```
flow job submit -c heterolr_train_conf.json -d
heterolr_train_dsl.json
```

（2）在提交成功後，可以看到模型資訊（在後面的預測流程中會使用），如圖 7-2-2 所示。

```
{
    "data": {
        "board_url": "http://fateboard:8080/index.html#/dashboard?job_id=20210301095116632978121&rol
e=guest&party_id=10000",
        "job_dsl_path": "/data/projects/fate/jobs/20210301095116632978121/job_dsl.json",
        "job_id": "20210301095116632978121",
        "job_runtime_conf_on_party_path": "/data/projects/fate/jobs/20210301095116632978121/guest/jo
b_runtime_on_party_conf.json",
        "job_runtime_conf_path": "/data/projects/fate/jobs/20210301095116632978121/job_runtime_conf.
json",
        "logs_directory": "/data/projects/fate/logs/20210301095116632978121",
        "model_info": {
            "model_id": "arbiter-9999#guest-10000#host-9999#model",
            "model_version": "20210301095116632978121"
        },
        "pipeline_dsl_path": "/data/projects/fate/jobs/20210301095116632978121/pipeline_dsl.json",
        "train_runtime_conf_path": "/data/projects/fate/jobs/20210301095116632978121/train_runtime_c
onf.json"
    },
    "jobId": "20210301095116632978121",
    "retcode": 0,
    "retmsg": "success"
}
```

圖 7-2-2 模型資訊

3. 效果評價

在 FATE-Board 上可以看到，Guest 方已提交任務的位址為 25.2.16.109:
8080/#/history，Host 方已提交任務的位址為 25.2.16.110:8080/#/history，
如圖 7-2-3 所示，根據 Job ID 可以查看對應的訓練結果。

圖 7-2-3 已提交任務介面

（1）各模組運行成功，如圖 7-2-4 所示。

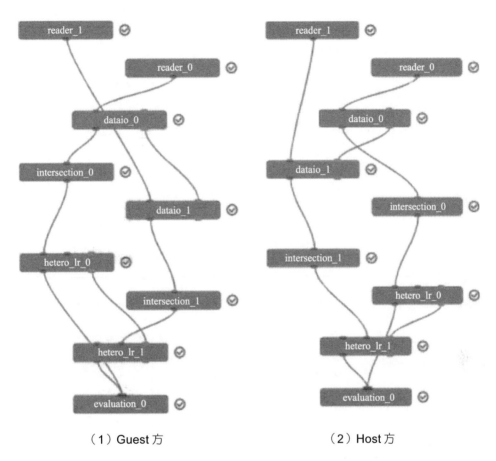

（1）Guest 方　　　　　　　　（2）Host 方

圖 7-2-4　訓練任務運行介面

（2）查看模型的參數。

對 Guest 方來說，點擊 "hetero_lr_0" → "view the outputs" → "model output" 選項，可以查看對應的模型參數，如圖 7-2-5 所示。

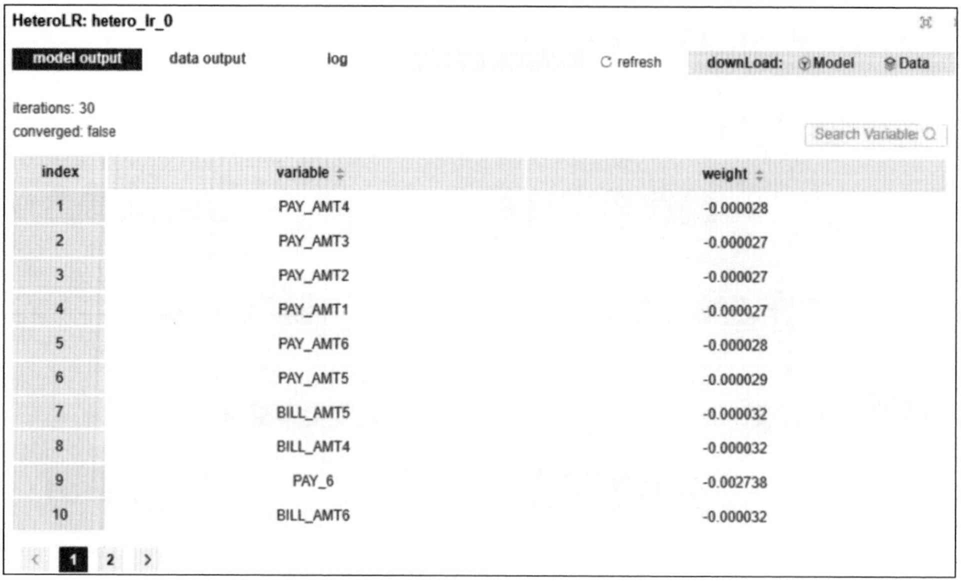

HeteroLR: hetero_lr_0						⌧
model output	data output	log		↻ refresh	downLoad: ⊕Model	⊕Data

iterations: 30
converged: false

Search Variable: 🔍

index	variable ⇕	weight ⇕
1	PAY_AMT4	-0.000028
2	PAY_AMT3	-0.000027
3	PAY_AMT2	-0.000027
4	PAY_AMT1	-0.000027
5	PAY_AMT6	-0.000028
6	PAY_AMT5	-0.000029
7	BILL_AMT5	-0.000032
8	BILL_AMT4	-0.000032
9	PAY_6	-0.002738
10	BILL_AMT6	-0.000032

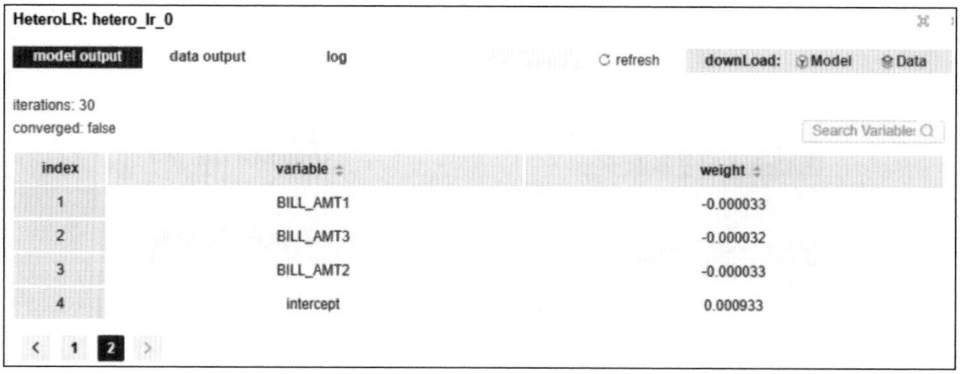

< **1** 2 >

HeteroLR: hetero_lr_0						⌧
model output	data output	log		↻ refresh	downLoad: ⊕Model	⊕Data

iterations: 30
converged: false

Search Variable: 🔍

index	variable ⇕	weight ⇕
1	BILL_AMT1	-0.000033
2	BILL_AMT3	-0.000032
3	BILL_AMT2	-0.000033
4	intercept	0.000933

< 1 **2** >

圖 7-2-5 Guest 方的模型參數

對 Host 方來說，點擊 "hetero_lr_0" → "view the outputs" → "model output"
選項，可以查看對應的模型參數，如圖 7-2-6 所示。

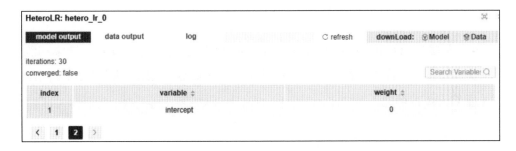

圖 7-2-6 Host 方的模型參數

（3）點擊 "hetero_lr_1" → "view the ouputs" → "data output" 選項，可以查看測試集的預測結果（僅 Guest 方可見），如圖 7-2-7 所示。

HeteroLR: hetero_lr_1							⌧ ×

model output   **data output**   log   ↻ refresh   downLoad: ⊙Model   ⊜Data

Outputting 6000 instances (only 100 instances are shown in the table)

index	ID	label	predict_result	predict_score	predict_detail	type
1	37	1	0	3.323113	{"0":0.999999667...	predict
2	55	0	0	3.860983	{"0":0.999999999...	predict
3	118	1	0	0.000700	{"0":0.999299966...	predict
4	158	0	0	1.074668	{"0":1,"1":1.0746...	predict
5	183	0	0	1.754806	{"0":0.999999998...	predict
6	206	1	0	0.002603	{"0":0.997396159...	predict
7	213	0	0	8.036935	{"0":1,"1":8.0369...	predict
8	231	1	0	0.000064	{"0":0.999935549...	predict
9	275	0	0	1.991224	{"0":1,"1":1.9912...	predict
10	327	1	0	0.002837	{"0":0.997162476...	predict
11	349	0	0	0.020393	{"0":0.979606793...	predict
12	356	0	0	0.000002	{"0":0.999997684...	predict

圖 7-2-7 測試集的預測結果

（4）點擊 "evaluation_0" → "view the ouputs" 選項，可以查看訓練集和測試集模型的一系列評價指標和混淆矩陣結果，如圖 7-2-8～圖 7-2-15 所示（僅 Guest 方可見）。

評價指標如圖 7-2-8 所示。

Evaluation scores

Quantile: ━━━━━○∙∙∙∙∙∙∙∙∙∙   −   0.5   +   ❷

	dataset	auc	ks	precision	recall
hetero_lr_0	train	0.646754	0.229684	0.292921	0.658835
hetero_lr_1	predict	0.641453	0.224424	0.291097	0.658371

圖 7-2-8 評價指標

評價指標曲線包含 ROC、K-S、Lift、Gain、Precision-Recall 和 Accuracy 曲線。

（1）ROC 曲線（如圖 7-2-9 所示）。

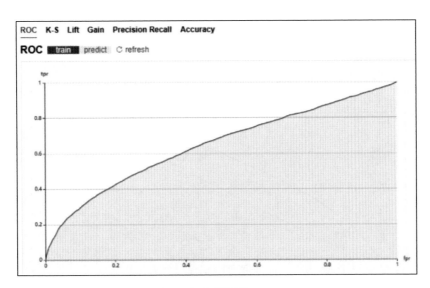

（a）訓練集

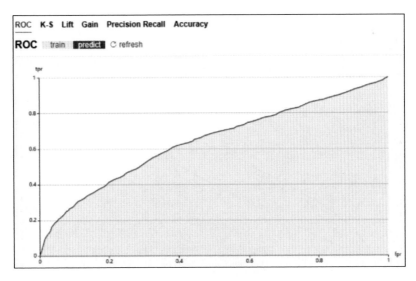

（b）測試集

圖 7-2-9　ROC 曲線

（2）K-S 曲線（如圖 7-2-10 所示）。

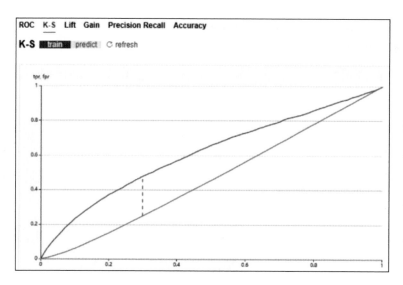

（a）訓練集

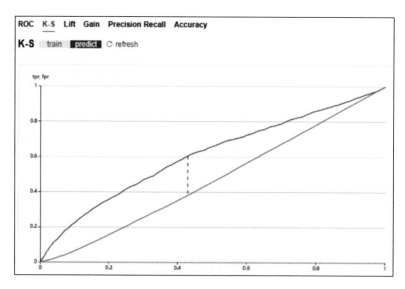

（b）測試集

圖 7-2-10 K-S 曲線

（3）Lift 曲線（如圖 7-2-11 所示）。

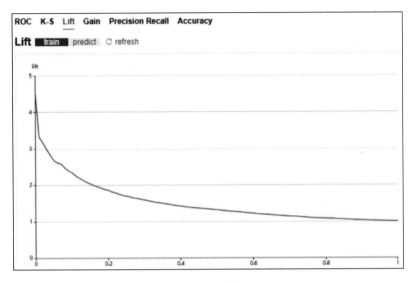

（a）訓練集

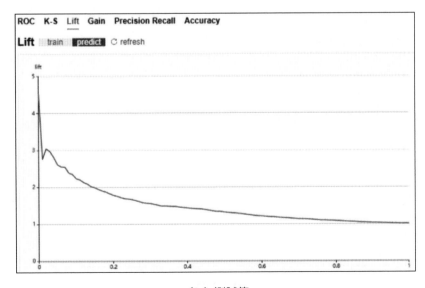

（b）測試集

圖 7-2-11　Lift 曲線

（4）Gain 曲線（如圖 7-2-12 所示）。

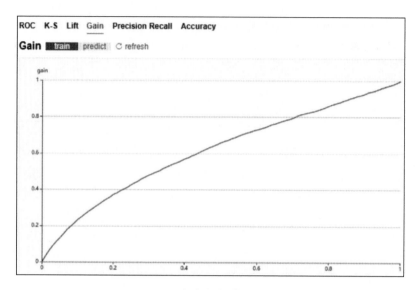

（a）訓練集

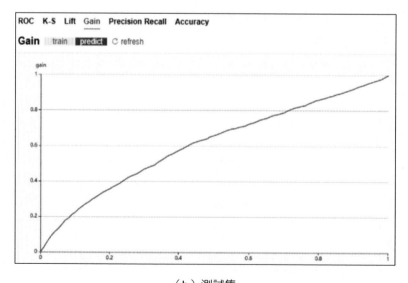

（b）測試集

圖 7-2-12 Gain 曲線

（5）Precision-Recall 曲線（如圖 7-2-13 所示）。

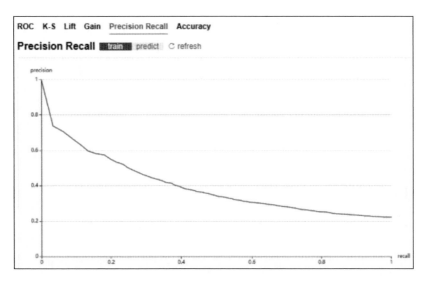

（a）訓練集

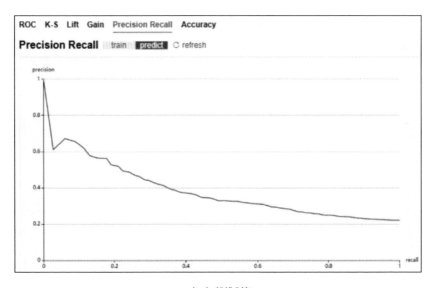

（b）測試集

圖 7-2-13 Precision Recall 曲線

（6）Accuracy 曲線（如圖 7-2-14 所示）。

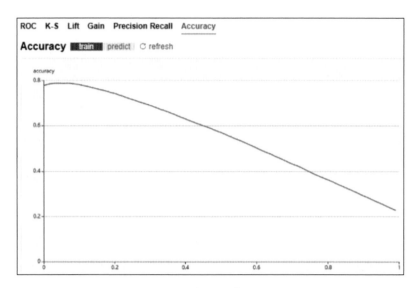

（a）訓練集

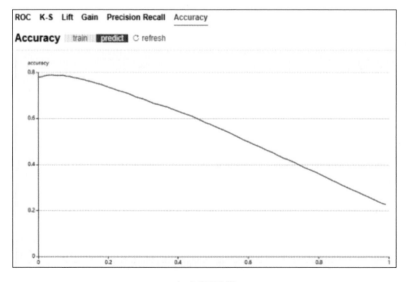

（b）測試集

圖 7-2-14 Accuracy 曲線

混淆矩陣如圖 7-2-15 所示。

Confusion Matrix

Classification Threshold: ———●———— － 0.5 ＋ ❶

	dataset	F1-score	true label	predict label	0	1
hetero_lr_1	predict	0.212792	0		4547(75.7833%)	127(2.1167%)
			1		1153(19.2167%)	173(2.8833%)
hetero_lr_0	train	0.218776	0		13636(75.7556%)	363(2.0167%)
			1		3465(19.2500%)	536(2.9778%)

（a）訓練集　　　　　　　　　　　　　　（b）測試集

圖 7-2-15　混淆矩陣

4. 模型預測

僅 Guest 方可以得到離線預測結果。

與水平聯邦學習場景類似，Guest 方離線預測過程由上傳預測資料、匯出或撰寫預測 DSL 模組設定檔、撰寫預測運行設定檔、提交預測任務和匯出預測結果組成。

1）上傳預測資料

這裡是離線預測模式，參考前文中的上傳資料操作，上傳 Host 方預測集 heterolr_host_predict.csv 和 Guest 方預測集 heterolr_guest_predict.csv。

2）匯出或撰寫預測 DSL 模組設定檔

（1）可以透過指令匯出預測 DSL 模組設定檔。

```
flow job dsl --train-dsl-path {訓練 DSL 模組設定檔路徑} --cpn-list {模組
名稱} -o {匯出路徑}
```

例如：

```
flow job dsl --train-dsl-path heterolr_train_dsl.json --cpn-list
"reader_0,dataio_0,intersection_0,hetero_lr_0" -o.
```

（2）可以自己撰寫預測 DSL 模組設定檔。

3）撰寫預測運行設定檔

```
{
    "dsl_version": 2,
    "initiator": {
        "role": "guest",
        "party_id":10000
    },
    "role": {
        "guest": [
            10000
        ],
        "host": [
            9999
        ],
        "arbiter": [
            9999
        ]
    },
    "job_parameters": {
        "common": {
            "work_mode": 1,
            "backend": 0,
            "job_type": predict,
            "model_id": "arbiter-9999#guest-10000#host-9999#model",
            "model_version": "20210301095116632978121"
        }
```

```
        },
    "component_parameters": {
        "role": {
            "guest": {
                "0": {
                    "reader_0": {
                        "table": {
                            "name": "heterolr_guest_predict",
                            "namespace": "heterolr"
                        }
                    }
                }
            },
            "host": {
                "0": {
                    "reader_0": {
                        "table": {
                            "name": "heterolr_host_predict",
                            "namespace": "heterolr"
                        }
                    }
                }
            }
        }
    }
}
```

需要注意以下幾點。

(1) job_parameters：填寫訓練任務提交時的模型資訊（如圖 7-2-2 所示）。

(2) component_parameters：Guest 方填寫需要預測的資料集名稱，Host 方填寫 Host 方上傳的預測資料集名稱。

4）提交預測任務

使用 submit 命令提交任務，如：

```
flow job submit -c guest_predict_conf.json -d guest_predict_dsl.
json
```

預測任務運行介面如圖 7-2-16 所示。

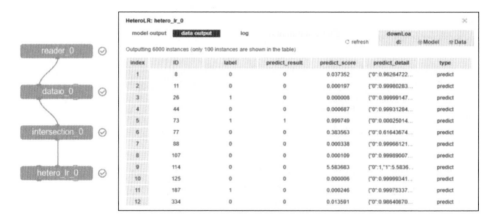

圖 7-2-16 預測任務運行介面

5）匯出預測結果

與水平聯邦學習場景中模型預測時完全一致。

本節在水平聯邦學習和垂直聯邦學習兩個場景中，透過一個實際資料集上的二分類預測問題的邏輯回歸建模實踐，展示了如何在聯邦學習平台上利用多方資料進行多方合作建模，讓你從一個建模師的角度更加了解聯邦學習平台上的建模過程。按照這個流程操作，是快速學會使用聯邦學習平台的途徑。

跨機構聯邦學習營運
應用案例

8.1 跨機構資料統計

在大型金融控股集團中，各金融企業的使用者資訊常常是分散的。這些使用者資訊可能存在重疊部分，也就是說，不同的金融企業之間擁有共同的使用者。對不同企業間的使用者資訊進行統計，有助採擷更多資料價值。舉例來說，統計並分析使用者在金融控股集團的總資產資訊，能夠幫助金融控股集團聯合銀行、保險、證券等業務設計整體行銷方案，提供給使用者個性化推薦服務，不僅降低了金融控股集團的營運成本，還提升了使用者體驗，實現了金融控股集團和使用者間的雙贏。

對於跨機構資料統計問題，在傳統的方案中，金融控股集團通常會建立一個大型的資料中心。各金融企業將資料上傳至資料中心，最終由資料中心對整理後的資料進行統計。但是隨著社會對使用者隱私問題的重視程度逐漸提升，同時由於金融產業的特殊性，各級立法和監管機構公布多項法律法規和監管規定，加強對個人金融資料隱私的保護力度，傳統的跨機構統計方法已無法滿足對個人金融資料隱私保護的監管要求。如何保證資料傳輸的安全性和可靠性、如何管理和稽核涉及多方互動的資料,並在合法符合規範的前提下實現跨機構資料統計,成為重要的技術難題。

在某金融控股集團的聯邦資料治理實踐過程中,針對跨機構使用者資產求和這一場景,在 FATE 開放原始碼框架下實現以可驗證秘密共用(Verifiable Secret Sharing)為基礎的安全多方隱私求和方案[2],能夠在資料不出本地的情況下,對使用者在多個機構的資料求和。

可驗證秘密共用利用了拉格朗日插值定理[65],$f(x)$ 是一個 $n-1$ 次多項式,(x,y) 是 $f(x)$ 上的點,當得到 $f(x)$ 上不少於 n 個點時,可以還原出唯一的 $f(x)$。在實踐過程中,以三個機構間利用可驗證秘密共用對同一個使用者進行資產值求和為例,在三個機構中想得到資產和的一方為 Guest 方,其餘提供使用者在本機構內資產值的為 Host 方。基本原理如圖 8-1-1 所示。

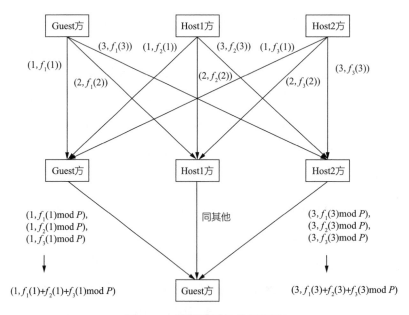

圖 8-1-1 跨機構隱私求和原理

首先，Guest 方生成一個大質數 P 及其生成元 g（P 和 g 之間滿足以下關係：$g^n \bmod P$ 在 $n = 1, 2, \cdots, P-1$ 的設定值恰好為 $1, 2, \cdots, P-1$），廣播 P 和 g 用於資料驗證。三方中每一方根據參與方個數 n 生成一個 $n-1$ 次多項式（例子中 n=3，生成二次多項式）。其中，a_0, b_0, c_0 是同一個使用者在各方的資產值，$a_1, \cdots, a_{n-1}, b_1, \cdots, b_{n-1}, c_1 \cdots, c_{n-1}$ 則是隨機數。

$$f_1(x) = a_0 + a_1 x + a_2 x^2 + \cdots + a_{n-1} x^{n-1}$$

$$f_2(x) = b_0 + b_1 x + b_2 x^2 + \cdots + b_{n-1} x^{n-1}$$

$$f_3(x) = c_0 + c_1 x + c_2 x^2 + \cdots + c_{n-1} x^{n-1}$$

其次，各方均計算子秘密

$$f_1(1), f_1(2), \cdots, f_1(n)$$

$$f_2(1), f_2(2), \cdots, f_2(n)$$

$$f_3(1), f_3(2), \cdots, f_3(n)$$

再次，每個參與方都將第 j 個子秘密分享給第 j 個參與方，分享的分片形式為 $(x, f(x) \bmod P)$，參與方 j 利用生成元 g 對收到的子秘密進行驗證（在正常情況下，接收方可以驗證 $g^{f(x)} \bmod P = c_0 c_1^x c_2^{x^2} \cdots c_{n-1}^{x^{n-1}} \bmod P$ 成立，滿足加法同態），在驗證通過後對收到的所有子秘密求和。舉例來說，第 1 個參與方收到各方在 x=1 上的子秘密 $(1, f_1(1) \bmod P), (1, f_2(1) \bmod P), (1, f_3(1) \bmod P)$，將子秘密求和得到 $(1, f_1(1) + f_2(1) + f_3(1) \bmod P)$，然後將其發送給 Guest 方。每個參與方只能得到其他參與方的子秘密，無法還原出其他方的真實資料。

最後，Guest 方整理所有子秘密之和，得到

$$\mathrm{Sum}(x) = (a_0 + b_0 + c_0) + (a_1 + b_1 + c_1)x + (a_2 + b_2 + c_2)x^2$$

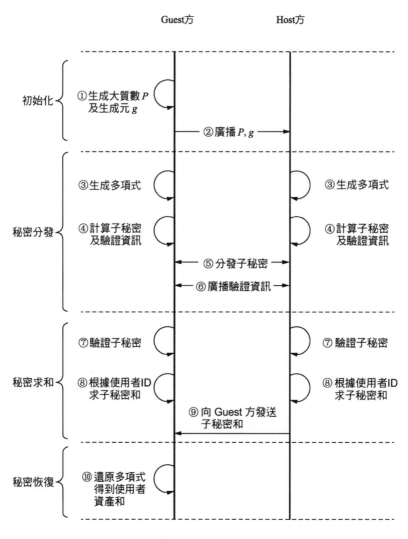

圖 8-1-2 實現流程

在 $x = 1,2,3$ 的值。利用拉格朗日插值定理就可以還原出唯一的 Sum(x)，其中參數 $a_0 + b_0 + c_0$ 就是想要得到的同一個使用者在三個機構的資產和，並且 Guest 方僅獲得了 Sum(x) 上的 n 個點，而沒有得到足夠的任意其他參與方生成的多項式上的點，因此無法還原出其他參與方的多項式，進而保證了 Guest 方無法得知其他參與方確切的使用者資產值。這就表示在沒有曝露使用者在任意機構資產值的前提下，透過聯邦統計的模式獲得了正確的使用者資產和，滿足了隱私求和的需要。

在 FATE 開放原始碼框架上具體的實現流程如圖 8-1-2 所示，分為初始化、秘密分發、秘密求和、秘密恢復四個階段。Guest 方作為發起方，不僅承擔普通參與方的職責，還負責執行初始化和秘密恢復兩個階段的任務。Guest 方和 Host 方之間的通訊事件如表 8-1-1 所示。

表 8-1-1 Guest 方和 Host 方之間的通訊事件

事件名稱	事件描述	事件傳輸
guest_share_primes	廣播大質數	Guest 方→Host 方
guest_share_secret	Guest 方分享子秘密	Guest 方→Host 方
host_share	Host 方分享子秘密	Host 方→Guest 方/Host 方
host_sum	Host 方返回子秘密之和	Host 方→Guest 方
guest_commitments	Guest 方廣播驗證資訊	Guest 方→Host 方
host_commitments	Host 方廣播驗證資訊	Host 方→Guest 方

某金融控股集團成員企業眾多，現在集團需要聯合多方，在集團和成員企業間架設聯邦學習平台，對在多家成員企業間的交換使用者進行資產求和，重點考驗求和任務規模與負擔的關係，並檢查準確度。在金融控股集團科技公司架設的包括多家成員企業的聯邦學習平台上，首先由金融控股集團對三家子公司共四方的共同客戶進行資產求和，在四個節點參與計算，使用者資料量依次為 20 萬、40 萬、60 萬、80 萬和 100 萬筆的情況下，計算負擔和使用者資料量的關係如表 8-1-2 所示。計算代價與通訊代價都與資料量成正比，擴充性良好。

表 8-1-2 負擔與使用者資料量的關係

資料量（筆）	總耗時	通訊耗時	正確率
20 萬	03 分 53 秒	02 分 58 秒	100.00%
40 萬	06 分 48 秒	04 分 54 秒	100.00%
60 萬	10 分 05 秒	07 分 26 秒	100.00%
80 萬	13 分 26 秒	10 分 08 秒	100.00%
100 萬	18 分 26 秒	12 分 26 秒	100.00%

進一步測試，限制使用者資料量為 20 萬筆，在參與方數量依次為 2、3、4個的情況下，負擔如表 8-1-3 所示。在此場景中，隨著參與方增多，需要計算和通訊的資料量都隨參與方數量線性增長。計算代價和通訊代價都與整體資料傳輸量成正比，擴充性良好。從這兩個例子的表現資料中可知，利用以可驗證秘密共用為基礎的安全多方隱私求和方案可以準確計算使用者資產和，並且總耗時與資料傳輸量呈線性關係。

表 8-1-3 負擔與參與方數量的關係

參與方數量（個）	總耗時	通訊耗時	正確率
2	01 分 47 秒	00 分 56 秒	100.00%
3	02 分 44 秒	01 分 46 秒	100.00%
4	03 分 53 秒	02 分 58 秒	100.00%

8.2 在交換行銷場景中的聯邦學習實踐

8.2.1 聯邦學習在交換行銷場景中的應用

交換行銷是指發現客戶多種需求並有針對性地進行產品組合，促使客戶在購買某種產品的同時可以繼續購買其他關聯產品。交換行銷的機遇可能來自不同領域產品的巧妙結合，以客戶為中心的跨產品整合或相互連結的多種行銷通路設定。但是成功的交換行銷不僅需要一定的管理哲學和銷售技巧，而且離不開與其相符合的資料基礎作為決策支撐。

巨量資料採擷和分散式處理技術的成熟應用為交換行銷領域提供了有力的技術支援。以巨量資料分析客戶的潛在需求，進行關聯產品推薦，在提升客戶轉換率的同時還可以減少對客戶的不必要打擾。但是，考慮到個人隱私保護和資料安全問題，不同的公司和機構之間的交換行銷，尤其是金融機構和網際網路平台使用者間無法直接進行資料融合與分析建模，使得更加廣泛和更深層次的機構間產品交換行銷場景受到限制。

8.2.2 信用卡交換行銷的聯邦學習案例

信用卡業務作為銀行最先進的金融服務，是客戶連線銀行服務的主要通路，一直以來都是各家銀行行銷的重點領域。但是隨著線上金融產業的不斷發展，原有的信用卡行銷模式已經不能滿足當前業務的發展需求。與此同時，各家銀行也在積極佈局線上生活消費服務類平台或直接與現有網際網路平台進行合作。針對已有的簽帳金融卡銀行客戶，結合具體消費場景的交換行銷與信用卡銷售前移，已經成為銀行信用卡獲客新的行銷重點。

本案例就是以銀行信用卡和網際網路生活消費類平台為基礎的交換行銷成功案例。如果採用傳統的單邊行銷模式，那麼網際網路生活消費類平台缺乏潛在的信用卡辦卡客戶的金融屬性特徵，而銀行信用卡部門則缺少客戶在具體消費場景中的行為資料。網際網路生活消費類平台無法準確地篩選出銀行信用卡部門想要行銷的目標群眾，銀行信用卡部門則無法根據使用者的消費行為有針對性地進行交換行銷。為了解決以上問題，在充分保護使用者個人隱私資料的同時打破「資料孤島」，引入聯邦學習技術，如圖8-2-1所示。

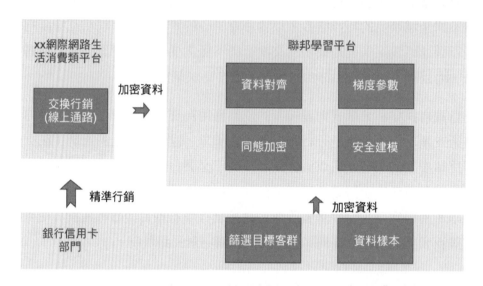

圖 8-2-1　銀行信用卡部門與網際網路生活消費類平台的協作過程

在該案例中，銀行信用卡部門先根據自有資料篩選出已經是銀行客戶但未辦理該行信用卡的潛在行銷物件，再透過聯邦學習平台與網際網路生活消費類平台進行資料對齊，各自進行模型訓練並上傳梯度參數，透過聯邦學習聯合建模，採擷出潛在的行銷物件及與其最符合的信用卡產品。整個過程主要分為「單方參與」和「雙方參與」兩個階段（如圖 8-2-2 所示）。

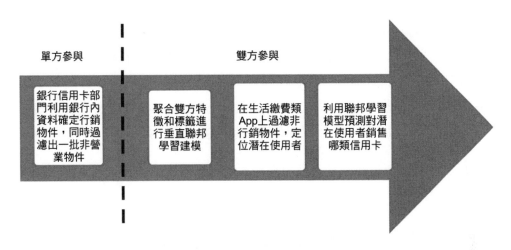

單方參與 | 雙方參與

圖 8-2-2 單/雙方參與的行銷建模協作

在「單方參與」階段，銀行信用卡部門會綜合考驗使用者的基本資訊、金融資產狀況、已辦卡情況等資訊，建立規則取出模型，確定行銷物件，即還未辦理該行信用卡，且大機率會透過線上通路辦理信用卡的現有銀行客戶。規則確定行銷物件可解釋性強，易於實踐。具體的規則模型採用 F-score 作為好壞分類器的判定指標，綜合考驗精準率和召回率。結果顯示，以 F-score 為基礎的自動規則取出模型，在該場景中的累計召回率可達到80%以上。

在銀行信用卡部門確定行銷物件之後，繼續利用聯邦學習進行「雙方參與」階段的訓練。為了充分利用網際網路生活消費類平台的流量，銀行信用卡部門希望結合使用者的購物喜好、消費習慣與不同的信用卡產品進行交換行銷，即預測「某使用者在使用生活消費類平台某類服務的同時，會更傾向於辦理哪個類型的信用卡」。舉例來說，針對成熟的商務類使用者，在其購買機票時，推薦其辦理某旅行信用卡，讓其享受機場貴賓室、精選酒店和航空公司機票特惠等多項信用卡權益。

在「雙方參與」階段，首先是以保護雙方隱私情況下為基礎的特徵聚合。網際網路生活消費類平台擁有使用者的消費能力和消費偏好等特徵，而銀行信用卡部門擁有信用卡類別標籤 Y、使用者人口統計屬性、使用者金融屬性等特徵（見表 8-2-1）。因為銀行信用卡部門需要補充的是使用者網際網路消費特徵標籤，所以採用垂直聯邦學習建模（如圖 8-2-3 所示）。

表 8-2-1　網際網路生活消費類平台樣本特徵（左）和銀行信用卡部門樣本特徵（右）範例

ID	消費能力		消費偏好	
	X1 月均消費頻率	X2 消費金額(元)	X3 消費類別	X4 消費時段
U1	3	100	通勤類	淩晨
U2	1	200	購物類	上午
U3	2	500	娛樂類	中午
U4	1	2000	旅遊類	淩晨
U5	2	100	購物類	下午
U6	5	1000	通勤類	晚上
U7	1	1000	其他類	中午

ID	人口統計屬性	金融屬性		信用卡標籤
	X5 年齡(歲)	X6 使用者總資產(元)	X7 使用者風險評級	Y 信用卡類別
U1	24	1000	低	一類
U2	50	250000	中	二類
U3	55	30000	低	一類
U4	43	450000	高	一類
U8	42	285000	中	二類
U9	33	55000	低	一類
U10	28	20000	中	一類

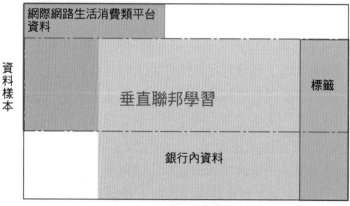

圖 8-2-3　垂直聯邦學習

銀行信用卡部門作為擁有標籤 Y 的一方，發起建模流程。網際網路生活消費類平台作為資料提供方參與建模，雙方選用使用者的手機號作為樣本 ID。由於不能將樣本 ID 的差集洩露給對方，在合作時需要將雙方的 ID 進行加密比對，找到使用者的交集，這一步驟被稱為加密樣本 ID 對齊（PSI）。在以 FATE 為基礎的聯邦學習平台上，PSI 以 RSA 演算法和 HASH 演算法為基礎的機制實現。在對齊樣本之後，對於這部分交集使用者，聯邦學習平台可以完成特徵工程和模型訓練。在加密訓練模型的過程中，包括分發公開金鑰、加密多方互動的中間計算結果、整理梯度與損失，及聯合訓練模型參數等多個步驟。

最終，在模型訓練結束之後，得到預測模型。該模型的模型參數由銀行信用卡部門和網際網路生活消費類平台分別獨立持有，即網際網路生活消費類平台持有使用者消費能力和消費偏好等特徵對應的模型參數，銀行信用卡部門持有使用者人口統計屬性和使用者金融屬性等特徵對應的模型參數。利用該模型，銀行信用卡部門對新晉樣本、樣本對齊後的行銷物件進行聯邦預測。

聯邦學習解決了網際網路生活消費類平台消費表現和銀行信用卡客戶資料聯合建模的隱私保護問題，使得不同機構間的不同產品的交換行銷與信用卡銷售前移得以實現，並且因為增加了更多的使用者特徵，與銀行信用卡部門單邊行銷模型相比，聯合行銷模型的效果得到一定水準的提升（如圖 8-2-4 所示）。銀行信用卡部門單邊行銷模型對於預測排名前 20%的客戶，提升度為 1.85。在加入消費行為特徵後，聯合行銷模型對預測排名前 20%的客戶，提升度為 2.45。聯合行銷模型的預測表現明顯優於銀行信用卡部門單邊行銷模型的表現。

本節介紹了一種聯邦學習在銀行交換行銷場景中的應用，即以垂直聯邦學習為基礎的信用卡交換行銷。利用生活消費類平台擁有的使用者瀏覽和消費屬性資訊，結合銀行信用卡使用者的人口統計屬性、金融屬性等特徵及信用卡行銷目標，採用垂直聯邦學習建模，豐富了銀行信用卡部門的特徵樣本，有助銀行信用卡行銷場景前移，提升了信用卡的獲客效率，並且與僅使用銀行信用卡部門單方資料相比，「雙方參與」的聯邦學習建立的信用卡行銷模型預測名列前茅的客戶提升度指標也得到顯著提升。

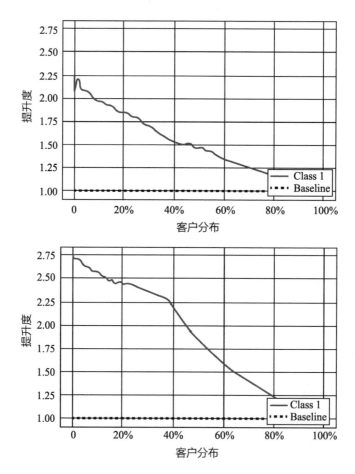

圖 8-2-4　銀行信用卡部門單邊行銷模型（上）和聯合行銷模型（下）的提升度曲線

8.3 聯邦規則取出演算法及其在反詐騙與行銷場景中的應用

8.3.1 以 F-score 為基礎的聯邦整合樹模型和其對應的業務背景

經典的聯邦學習是以儲存為基礎在多方遠端用戶端裝置上的資料學習全域模型。用戶端裝置往往需要與中央伺服器進行通訊和資訊互動，其面臨的困難主要有以下幾個：①高昂的通訊代價。即多方資料互動的網路通訊成本高。②系統異質性。聯邦學習框架下的多方機構由於其系統、儲存、計算和網路通訊能力的差異，將影響聯邦學習整體的策略制定。③統計異質性。非獨立同分佈的資料特徵會帶來建模、分析和評估等諸多挑戰。④安全隱私問題。在模型訓練過程中，向第三方或中央伺服器傳遞、更新模型參數時資訊有曝露的風險。因此，學界和工業界目前主要想解決成熟演算法在上述工程化實踐時所面臨的問題，而很少從實際的業務層面解決聯邦學習下的演算法實現問題。

本節將介紹一種以 F-score 為基礎的聯邦整合樹模型，用於自動化規則取出（a federated F-score based Ensemble tree model for Automatic Rule Extraction，Fed-FEARE）。在資料隱私保護的前提下，Fed-FEARE 使用多方機構的資料垂直和水平聯合訓練模型。與沒有使用聯邦學習相比，評價模型性能的指標獲得了顯著的提升。目前，Fed-FEARE 已被應用於某全國性金融控股集團的多項業務，包括反詐騙和精準行銷等。

隨著網際網路技術和傳統金融迅速融合，越來越多的金融服務已線上數位化了，如第三方支付和線上信貸等。與之相伴隨的是，線上金融詐騙手段更隱蔽和更多樣化。根據尼爾森的報告（HSN Consultants，2020），全球卡支付詐騙活動造成的經濟損失在 2019 年高達 286.5 億美金，相比於

2012 年的 112 億美金，增長超過了 150%。為了防禦詐騙攻擊，金融機構大多採取以專家經驗為基礎的規則系統或經典的統計採擷演算法，這類方法目前被廣泛應用於實際的業務系統並獲得了不錯的效果[66,67]。然而，這種專家定義的規則系統不可避免地存在兩個基本問題：① 由於缺乏足夠的樣本，無法透過專家經驗學習到有效的規則。② 由於獲取目標樣本的時間延遲，規則系統無法及時更新，誤報率和維護成本高。

為了解決上述問題，並充分利用聯邦學習和規則系統的優點，本節提出了一種整合規則自動化取出模型[68]（a F-score based Ensemble model for Automatic Rule Extraction, FEARE），並在聯邦學習框架下實現 Fed-FEARE。FEARE 在建構樹的過程中，以遞迴方式在每個節點中採用最大化 F-score 作為損失函數或分裂準則，將樹的節點分裂邏輯進行組合，形成單筆規則，然後刪除上述規則覆蓋的資料集，並對剩下的資料重複上述樹建構的過程，最終生成多棵（整合）樹，從而形成規則集。應該注意的是，FEARE 的規則提取與傳統的決策樹方法顯著不同。這兩者主要存在以下兩個差異[69]：① 在損失函數和劃分標準上，用 F-score 代替基尼係數或資訊增益。② 用多棵樹逐步學習代替單棵樹取出規則。

在 Fed-FEARE 下，我們在反詐騙場景中用兩個獨立的法人實體（均有一定數量的詐騙案件）的資料集做水平聯邦學習，即使用某全國性股份制商業銀行和雲端支付平台的大規模資料集，其取出的規則結果顯示，與沒有使用 Fed-FEARE 相比，詐騙案件的召回率獲得了極大的提升。此外，我們將垂直 Fed-FEARE 應用於精準行銷，如預期那樣，精度和提升度均明顯增加。

8.3.2 損失函數、剪枝和自動化規則取出

在一般情況下，可以透過精度和召回率來評估規則。假設包含指定類別標籤的樣本資料集，共有 n_{target} 個目標樣本，n_{cover} 和 $n_{correct}$ 分別是規則覆蓋的樣本和正確分類的樣本資料量。因此，精度和召回率分別被定義為

$$\text{precision} = \frac{n_{correct}}{n_{cover}} \qquad (8\text{-}3\text{-}1)$$

$$\text{recall} = \frac{n_{correct}}{n_{target}} \qquad (8\text{-}3\text{-}2)$$

在理想的情況下，我們希望在高精度的前提下儘量提升召回率。然而，在反詐騙場景中，簡單地使用精度或召回率作為規則度量通常是不可靠的。高精度和高召回率很難共存。舉例來說，規則 1 對它覆蓋的 100 個樣本中的 80 個進行了正確的分類，即規則 1 的精度為 80%；而規則 2 覆蓋 2 個樣本且全部正確分類，即規則 2 的精度為 100%。規則 2 顯然有更高的精度，但由於覆蓋率太小明顯不是更好的規則。同理，召回率也無法作為評估規則的度量。

以此為基礎，F_β-score 即精度和召回率的加權平均，可以被視為用於評估規則性能的度量，其數學形式以下

$$F_\beta\text{-score} = (1 + \beta^2) \frac{\text{precision} \cdot \text{recall}}{\beta^2 \cdot \text{precision} + \text{recall}} \qquad (8\text{-}3\text{-}3)$$

當權重因數 $\beta = 1$ 時，召回率和精度有相同的權重；當權重因數 $\beta < 1$ 時，精度的重要性高於召回率，反之亦然。F_β-score 的增益為劃分資料集特徵前後的差值，因此在樹模型中可選擇最大的 F_β-score 增益的屬性作為子節點的最佳分裂特徵。為了實現它，我們需要計算並找到最大的 F_β-score 增益

的特徵及其對應的分裂點。當特徵為數值型時，對其數值按降冪或升冪排列，其 n 個值中每對相鄰的平均值形成 $n-1$ 個分裂點，則這些分裂點中最大的 F_β-score 增益的資料點可以被視為該特徵的最佳分裂點。進一步遍歷所有特徵，計算出所有特徵中最大的 F_β-score 增益作為最佳分裂特徵。最佳分裂點將樣本劃分為兩個子空間，從上往下逐步遞迴切割資料集直到沒有統計顯著性。

在上述樹的建構過程中，由於資料集中的雜訊和異常值，某些樹的分支僅代表這些異數，從而導致模型過度擬合。剪枝往往能有效地解決此問題，即使用統計資訊來切斷上述不可靠的樹分支。由於沒有一種剪枝方法本質上比其他方法更好，不妨使用相對簡單的預修剪方法。當 F_β-score 增益小於閾值時，子節點分裂將停止。因此，剪枝後將形成一個更小、更簡單的樹，組合節點分裂邏輯從而形成單筆規則。自然地，決策者傾向於使用不太複雜的規則，因為從業務角度來看，它們可能更易於瞭解且堅固性更好。

演算法 1：以 F-score 為基礎學習一組 "IF THEN" 分類規則

輸入：指定標籤的資料集 D
參數：max_depth, β, pruning_min
輸出：一組 "IF THEN" 分類規則

1. 設定 Rule_Single 為空集，Max_Fscore=0
2. 設定 Add_Rule 為 True, depth=0
3. While depth <= max_depth 且 Add_Rule
4.   設定 Keep={}，Best_split={}
5.   depth=depth+1
6.   Add_Rule=False

---

7. for 遍歷所有特徵

8. 　 Keep[feature] = Fscore_Cal(D, feature, β) 計算每個特徵的頻數分佈統計和對應的 F-score，返回對應特徵的最大 F-score

9. end for

10. for Keep 遍歷所有特徵

11. 　 if feature 的最大 Fscore>Max_Fscore +pruning_min then

12. 　　 Max_Fscore=feature 的最大 Fscore

13. 　　 將 Keep[feature]加入 Best_split 集合

14. 　　 Add_Rule=Ture

15. 　 Else

16. 　　 Continue

17. 　 end if

18. end for

19. 將 Best_split 加入 Rule_single

20. 將 D 中已被 Rule_single 覆蓋的樣本去除

21. end while

22. return Rule_single

以上述節點分裂和剪枝為基礎的計算邏輯，演算法 1 提出了從上往下分裂和剪枝的樹模型，它以深度優先的貪婪策略遞迴地構造單棵樹。在做上述計算時，該演算法使用最大的 F_β-score 增益作為資料集的劃分準則，並剔除資料集中節點分裂邏輯未覆蓋的樣本。因此，每個子節點逐層地將訓練資料集劃分為資料子集，直到滿足停止標準。如演算法 1 所示，Fscore_Cal 是計算子節點分裂前後的函數，並透過最大化 F_β-score 增益找到特徵的最佳分裂點。其中，max_depth 和 pruning_min 分別是樹的最大深度和剪枝閾值，β 是式（8-3-3）中的參數。記錄所有子節點的分裂特徵、節點分裂邏輯和 F_β-score 增益，並從上往下追蹤從根節點到子節點的路徑，就能取出 "IF THEN" 的分類規則。

被上述節點分裂邏輯剔除的資料組成剩下的資料集，重複上述生成樹的過程，從而形成多棵樹（整合樹）並從中取出規則集。如演算法 2 所示，tree_number 是樹的棵數，整合樹包含並返回規則集 Rule_Set 。

演算法 2：學習一組 "IF THEN" 分類規則集

輸入：指定標籤的資料集 D

參數：tree_number, max_depth, β

輸出：一組 "IF THEN" 分類規則集

1. 設定 Rule_Set 為空集，number=0

2. while number<= tree_number

3.　　 rule = Single_Rule(D, max_depth, β)　　 #呼叫演算法 1

4.　　 將 rule 加入 Rule_Set

5.　　 將 D 中已被 rule 覆蓋的樣本去除

6.　　 number=number+1

7. end while

8. return Rule_Set

以模型超參數 tree_number = 3 且 max_depth = 3 為例，即整合規則樹模型的規則集由三筆規則組成，且組成每筆規則的節點分裂邏輯小於等於三筆。如圖 8-3-1 所示，從上往下，樹模型中的實線和虛線分別對應各層節點分裂邏輯覆蓋和未覆蓋的資料樣本。規則集由三筆規則組成，其中第一棵樹對應的規則由兩個節點分裂邏輯形成，第二棵樹和第三棵樹分別由兩個和三個節點分裂邏輯形成。

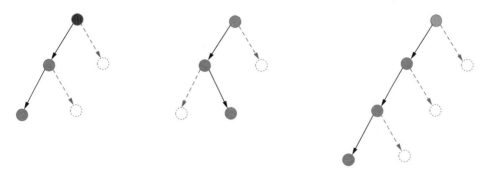

圖 8-3-1 模型超參數 tree_number=3 和 max_depth=3 時的整合規則樹模型圖例

8.3.3 垂直和水平 Fed-FEARE

Fed-FEARE 的主要挑戰是分別在垂直和水平聯邦學習框架下計算 F_β-score，其應對的主要方案是部分同態加密。以 Paillier 半同態加密為例 [70]，它允許任何一方都使用公共金鑰加密其資料，而解密的私密金鑰則由第三方擁有。透過這種加法同態加密，我們可以計算加密數字的和及一個未加密數字和一個加密數字的乘積，並且保證運算和加密的可交換性，即 $[\![u]\!]+[\![v]\!]=[\![u+v]\!]$ 和透過 $[\![\cdot]\!]$ 作為加密操作滿足 $v[\![u]\!]=[\![vu]\!]$。此外，Paillier 半同態加密的另一個優點是同一個數字的每次加密結果都不相同。因此，分佈不均衡的二分類標籤加密後 $[\![y_i]\!]$（其中 $y_i \in \{0,1\}$）不會導致資訊洩露。

對於垂直 Fed-FEARE 而言，我們遵循相關文獻中的數學符號。資料集分別分佈在 A 方（擁有特徵的被動資料提供方）和 B 方（擁有特徵和標籤的主動資料提供方）上。對 B 方上的 F_β-score 計算，其計算過程與非聯邦學習場景相同。而對 A 方上的 F_β-score 計算，需要借助 Paillier 加密，在垂直聯邦學習框架下，如圖 8-3-2 所示，透過公開金鑰加密 B 方的標籤並將其發送給 A 方，計算 A 方特徵上的頻數分佈統計，將其再發給 B 方。B 方透過私密金鑰解密計算出其對應的 F_β-score。由於標籤屬於 B 方，因此規則集最終由 B 方實現。以該框架下的加密和解密過程，即使在多方參與的情況下，其對於每個資料提供方也是安全的。

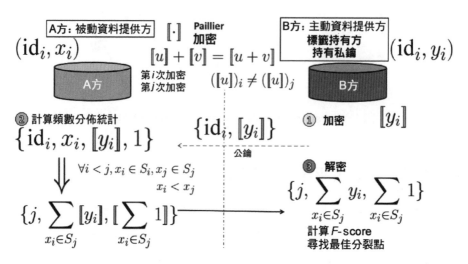

圖 8-3-2 垂直聯邦學習框架下計算 F-score 並找到最佳分裂點

對於水平 Fed-FEARE 而言，特徵和標籤分佈在多個資料提供方上，其 F_β-score 計算過程要比垂直聯邦學習的情況更加複雜。為了簡化多方問題，以 A 方和 B 方兩方為例，它們均具有特徵和標籤。由於資料由 A 方和 B 方單獨提供，因此每一方的特徵頻數分佈統計都不會與其他方共用。以資料隱私保護為基礎，我們設計如圖 8-3-3 所示的水平聯邦學習框架，並引入第三方作為協調者。使用 Paillier 半同態加密，任何一方都可以使用公開金鑰加密其資料，而用於解密的私密金鑰歸協調者所有。協調者在收到來自兩方的價值資訊後，發送加密的隨機特徵頻數分佈統計到另外一方（圖 8-3-3 中 B 方）。而當特徵的加密頻數分佈統計返回時，F_β-score 的計算則可以由協調者完成（圖 8-3-3 中的步驟⑥）。在此框架中，各方僅知道己方的特徵頻數分佈統計。協調者以整個資料特徵為基礎的頻數分佈統計，將最終完成規則取出計算並對各方共用。

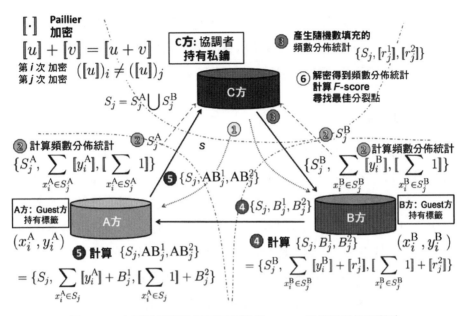

圖 8-3-3 水平聯邦學習框架下計算 F_β – score 並找到最佳分裂點

8.3.4 水平 Fed-FEARE 應用於金融反詐騙

本節分為三個部分。首先,結合金融反詐騙的業務場景自訂規則自動化取出模型的超參數;其次,描述水平 Fed-FEARE 訓練時所需的多方資料集;最後,展現模型效果,並與非聯邦情形做比較。

1. 自訂超參數

整合樹模型有四個超參數,分別是單棵樹的最大深度、樹的棵數、剪枝閾值和權重因數 β。業務邏輯和線上部署的難易程度通常會決定超參數的選取。在反詐騙業務場景中,考慮模型的泛化能力和可解釋性,單棵樹的最大深度設定為 3,即組成單筆規則的節點分裂邏輯數目小於或等於 3。樹的棵數設定值為 3,即使用不超過三筆規則的集合來解決對應的反詐騙業務,從而盡可能避免樹太少導致覆蓋率不足,也能避免樹過多引起準確率降低，同時也降低了線上部署、維護等工程化難度。剪枝閾值固定為常數 0.01。此外，權重因數 $\beta=1$，這表示召回率和精度同等重要。當然，我們 也可以根據業務目標（追求高精度或高召回率）進行調整。

2. 描述資料集

考慮到金融反詐騙中的風險符合規範等因素，本節不會揭露金融機構業務 資料中變數特徵名稱。在水平 Fed-FEARE 下，銀行方和繳費服務機構聯 合訓練該整合樹模型。同時，結合銀行方對金融反詐騙的瞭解和定義，目 標變數為 1 和 0 分別表示詐騙和非詐騙。在銀行方提供的資料集中，有 79295 個正常樣本和 20 個詐騙樣本，結合繳費服務機構提供的 60 個詐騙 樣本，形成了 75375 個樣本的資料集，對應的正負樣本比例高度不平衡， 約為 940：1。資料集共包含了 25 個共有特徵，其中有 15 個是身份特質、 消費等級、資產等級組成的衍生特徵等，剩下的 10 個表徵水、電、瓦斯 和行動通訊支付等。

3. 模型效果

表 8-3-1 和表 8-3-2 分別展示了水平 Fed-FEARE 和 FEARE（僅用銀行方資 料時）情形下取出的規則集和其對應的統計指標，包含樣本佔比 （proportion of instances，pi）、累計樣本佔比（cumulative proportion of instances，cpi）、F-score，精度（precision）、召回率（recall）、累計精 度（cumulative precision，cp）和累計召回率（cumulative recall，cr）。 可以看出，無論是規則集組成的節點分裂邏輯還是其對應的統計指標均顯 著不同。在水平 Fed-FEARE 下，特徵頻數分佈統計發生變化，致使節點 分裂邏輯發生變化，生成的規則集中規則 1 為 var_12 ≤ -4.8 且 var_1>-26.6， 而在 FEARE 中則為 var_12 ≤ -5.6 且 var_21>30073 且 var_2>2.25；規則 2 則 由 FEARE 中的 var_14 ≤ -10.2 且 var_20 ≤ 0.99 變為水平 Fed-FEARE 中的 var_17 ≤ -3.0 且 var_14>1.3 且 var_5>-3.3；同樣，規則 3 由 FEARE 中的兩條

節點分裂邏輯 var_18>3.4 且 var_1>0.98 演化為水平 Fed-FEARE 中的 var_14 ≤ -4.7 且 var_10 ≤ -2.27 且 var_2 ≤ 3.2 。

表 8-3-1 水平 Fed-FEARE 取出的規則集和其對應的統計指標

規則編號	1	2	3
節點分裂邏輯 1	var_12≤-4.8	var_17≤-3.0	var_14≤-4.7
節點分裂邏輯 2	var_1>-26.6	var_14>1.3	var_10≤-2.27
節點分裂邏輯 3	null	var_5>-3.3	var_2≤3.2
樣本佔比	0.080%	0.011%	0.009%
樣本累計佔比	0.080%	0.091%	0.100%
F-score	0.75	0.44	0.52
精度	83.0%	90.0%	88.8%
召回率	68.0%	29.0%	36.3%
累計精度	83.0%	84.0%	84.6%
累計召回率	68.0%	72.5%	82.5%

表 8-3-2 僅用銀行方資料時，FEARE 取出的規則集和對應的統計指標

規則編號	1	2	3
節點分裂邏輯 1	var_12≤-5.6	var_14≤-10.2	var_18>3.4
節點分裂邏輯 2	var_21>30073	var_20≤0.99	var_1>0.98
節點分裂邏輯 3	var_2>2.25	null	null
樣本佔比	0.017%	0.002%	0.001%
樣本累計佔比	0.017%	0.019%	0.021%
F-score	0.72	0.4	0.28
精度	92.3%	100.0%	100.0%

規則編號	1	2	3
召回率	60.0%	25.0%	16.6%
累計精度	92.3%	93.3%	93.7%
累計召回率	60.0%	70.0%	75.0%

與 FEARE 相比，水平 Fed-FEARE 取出的規則集在辨識詐騙能力上有顯著提升，規則 1 和 2 對應的 F-score 平均提升了約 7%，而規則 3 對應的 F-score 則由 0.28 顯著提升至 0.52。在其他反映規則集效果的統計指標上，如累計精度和累計召回率，前者由 93.7% 下降至 84.6%，而後者由 75% 增加至 82.5%。

此外，我們重新取出了新的資料集來驗證上述規則集在辨識詐騙上的泛化能力。該資料集包含了 10000 個正常資料樣本和 67 個詐騙資料樣本。我們分別比較了兩種情況下（非聯邦 FEARE 和水平 Fed-FEARE 分別用橙色和藍色表示）三筆規則辨識詐騙的精度、召回率和 F-score，並發現 FEARE 場景下的規則 3 沒有覆蓋到任何資料樣本。如圖 8-3-4（a）所示，柱形為單筆規則對應的精度，曲線為規則集對應的累計精度，水平 Fed-FEARE 和 FEARE 的累計精度趨於相等，而由於豐富了資料樣本，累計召回率從 34.3%（FEARE 情況下）提升至 74.6%（水平 Fed-FEARE 情況下），增幅超過了 110%〔如圖 8-3-4（b）所示〕。同時，我們還比較了兩種情況下單筆規則對應的 F-score，其分別由 0.46、0.12 和 0.0（FEARE 情況下）增加至 0.69、0.29 和 0.48（水平 Fed-FEARE 情況下）〔如圖 8-3-4（c）〕。因此，水平 Fed-FEARE 取出的規則集能顯著提升辨識詐騙的能力。

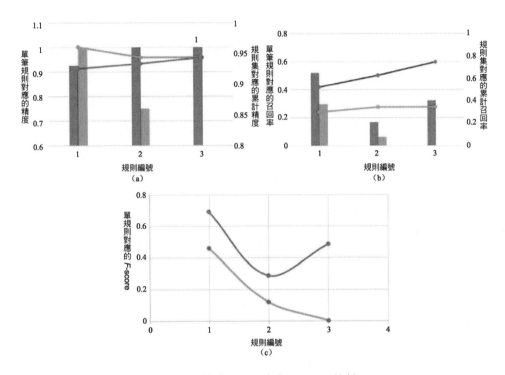

圖 8-3-4 精度、召回率和 F-score 比較

8.3.5 垂直 Fed-FEARE 應用於精準行銷

我們進一步將垂直 Fed-FEARE 擴充至精準行銷，如新使用者啟動。在該演算法框架內，銀行在垂直上聯合雲繳費的特徵，取出規則並以此為基礎對客戶分群，最終實施精準行銷。在垂直 Fed-FEARE 下，雙方用於模型訓練的資料集共有 5438267 個樣本，由 10 個變數組成，其中目標變數為 1 和 0 分別表徵客戶啟動和非啟動狀態。該資料集中包含 51203 個啟動客戶和 5387064 個未啟動客戶，對應的樣本比例約為 1：105。在精準行銷業務場景中，精度比召回率更重要，因此設定權重因數 $\beta = 0.5$，而其他參數與上例相同。

在垂直 Fed-FEARE 和 FEARE 兩種情況下，取出的規則集和對應的統計指標如表 8-3-3 和表 8-3-4 所示，規則 1 完全相同，為 var_0>0 且 var_0≤1，而規則 2 和 3 則顯著變化，分別由 FEARE 中的 var_0>0 和 var_3<24 演變為垂直 Fed-FEARE 中的 var_7>36.4 和 var_0>0 且 var_9>990。同時，由於特徵的豐富，累計精度和累計提升度均獲得了大幅提升。與僅使用銀行方資料的 FEARE 相比，垂直 Fed-FEARE 取出的規則集對應的累計精度增加了一倍，達到 3.2%。對應地，累計提升度達到了 3.4，顯著增加了一倍。這表示，在同等行銷資源的前提下，能轉化更多的目標客戶。

表 8-3-3 在行銷場景下，垂直 Fed-FEARE 取出的規則集和其對應的統計指標

規則編號	1	2	3
節點分裂邏輯 1	var_0>0	var_7>36.4	var_0>0
節點分裂邏輯 2	var_0≤1	null	var_9>990
節點分裂邏輯 3	null	null	null
樣本佔比	5.60%	7.40%	2.10%
樣本累計佔比	5.60%	13.00%	15.10%
F-score	0.14	0.07	0.09
精度	4.7%	2.0%	3.7%
召回率	27.8%	21.2%	15.3%
累計精度	4.7%	3.1%	3.2%
累計召回率	27.8%	43.1%	51.8%
累計提升度	4.96	3.3	3.4

表 8-3-4　在行銷場景下，FEARE 取出的規則集和其對應的統計指標

規則編號	1	2	3
節點分裂邏輯 1	var_0>0	var_0>0	var_3≤24
節點分裂邏輯 2	var_0≤1	null	null
節點分裂邏輯 3	null	null	null
樣本佔比	5.60%	18.20%	22.70%
樣本累計佔比	5.60%	23.80%	46.50%
F-score	0.14	0.07	0.03
精度	4.7%	1.9%	0.7%
召回率	27.8%	48.4%	45.8%
累計精度	4.7%	2.5%	1.6%
累計召回率	27.8%	48.5%	79.8%
累計提升度	4.96	2.64	1.7

本節提出了一種水平和垂直聯邦學習中以 F-score 的整合樹模型為基礎，用於自動化取出規則，即 Fed-FEARE。它適用於多個業務場景，包括反詐騙和精準行銷等。與非聯邦場景相比，評估模型效果的指標獲得了很大提升。Fed-FEARE 不僅具有計算速度快和可攜性強的特點，還確保了業務的可解釋性和堅固性。

8.3 聯邦規則取出演算法及其在反詐騙與行銷場景中的應用

跨機構聯邦學習風控
應用案例

9.1 聯邦學習下的評分卡建模實踐

9.1.1 背景需求介紹

近年來，信貸市場的規模持續穩步增加，同時監管政策不斷深化完善，監管要求更加細緻嚴格，金融產業已進入強監管時代，這給信貸風控提出了新的要求。隨著網際網路技術與傳統金融的結合，新的金融服務模式在滿足消費者金融需求、促進消費進行的同時，也存在由於機構許多、覆蓋面廣和新業務模式等而產生的問題與風險。因此，如何進行信用風險管理對金融機構非常重要，而以聯邦學習為基礎的信貸解決方案將有望成為解決這一產業性難題的關鍵技術。

隨著巨量資料技術的發展和信貸風控能力的提升，除了強連結的信用類資料，非信貸場景中的弱相關變數也開始更多地被納入考量。不止使用者的基本資訊和借貸歷史資料，在判斷客戶逾期風險時，其網路行為、社交資料、消費記錄、航旅和電信業者等資訊等都能作為風險特徵。然而，除了少數幾家擁有大量使用者資料的網際網路指標公司，受限於風險符合規範等限制因素，絕大多數的中小企業想獲取多維度、跨業務場景的第三方資料幾乎不可能。聯邦學習保護資料隱私和降低傳統中心化機器學習方法的特點非常契合信貸風控水準提升的方向，以聯邦學習框架架設評分卡模型有以下優勢：①引入更豐富的資料來源，在聯邦特徵工程後有更多優質的特徵變數可供選擇。②多機構下的樣本標籤更能代表目標信貸群眾的表現，好的標籤往往可以大幅提升模型效果。

9.1.2 聯邦學習框架下的評分卡建模

在信貸業務場景中，傳統線下的人工審核方式已經無法滿足日益增長的業務需求，也無法滿足精細化的風險管理。當前，這種審核方式已經逐漸被依靠於巨量資料和人工智慧技術的線上授信所替代。評分卡模型[24,40,71]被金融機構廣泛地應用於信用風險評估中，是以分數的形式來衡量風險的一種手段。金融機構透過獲取客戶的徵信資料和人物誌標籤等資訊架設評分卡模型來評估客戶的風險水準，進而為貸款審核提供決策依據。

評分卡模型透過一系列與風險指標相關的變數將風險進行量化，具有很強的堅固性和可解釋性。評分卡的開發主要包含特徵構造、特徵篩選、模型建立與評分卡轉換。先對資料進行前置處理（包括探索資料結構，對遺漏值、異常值進行對應的處理）形成原始特徵，再對原始特徵以經驗、常識和資料探勘技術進行分段組合就實現了特徵構造。在評分卡模型中，變數很少以原始形式表示，通常將它們分箱處理，進行證據權重（Weight of Evidence，WOE）編碼。WOE 編碼可將變數規範到同一尺度，同時有利於對變數的每個分箱進行評分。特徵篩選就是將變數轉為 WOE 編碼，並繪製分箱圖，從而篩選出合適的變數進行建模的過程。在聯邦學習框架下的詳細內容參見第 2 章。

評分卡模型通常使用邏輯回歸演算法將客戶的特徵資訊轉化為 0～1 之間的機率值，用以預測客戶的違約風險。

$$p_i = \frac{1}{1 + e^{-(x_i \cdot w + b)}}$$

$$\ln(\text{odds}) = \ln\left(\frac{p_i}{1 - p_i}\right) = (x_i \cdot w + b)$$

式中，p_i 為客戶 i 的逾期機率；odds 為逾期與正常的比值；x_i 為客戶 i 的特徵；w 為對應的邏輯回歸係數，即

將邏輯回歸模型機率轉化為評分卡分數為

$$\text{Score} = A - B \times \ln(\text{odds})$$

式中，A 和 B 均為指定的常數，分別為評分卡補償和刻度，設定值的不同會影響評分卡分數的區間和間隔。由公式可知，評分卡分數是特徵變數的線性函數。

9.1.3 聯邦學習框架下的評分卡模型最佳化

在評分卡模型中，模型變數通常轉化為對應的 WOE 編碼。WOE 反映了在引數的每個分組下，回應使用者與未回應使用者的佔比和整體中回應使用者與未回應使用者的佔比之間的差異，即某種業務含義。故模型求解後的係數需滿足 $w_i \geq 0$，否則將無法保證模型的可解釋性。當模型訓練時，變數間的多重共線性有可能使得模型係數為負而導致不可解釋的問題，建模人員通常需要反覆調整入模變數以保證所有係數均為正。與傳統的評分卡模型不同的是，在聯邦學習框架下，由於進行了嚴格的加密和用於資料隱私保護的通訊，這樣多次調整將使得訓練十分耗時，因此，這裡列出了一

種對原有邏輯回歸演算法最佳化問題的改進方法，即增加 $w_i \geq 0$ 的限制條件，將其轉化為有約束的最佳化問題，即[72]

$$\min_{w \in \mathbf{R}^n} \frac{1}{T} \sum_i^T \log\left(1 + \exp(-y_i(x_i \cdot w + b))\right)$$
$$\text{s.t.}\ \ w_i \geq 0$$

式中，b 和 w 是模型係數；x_i 是第 i 筆樣本的所有特徵；y 是其對應的標籤。回顧一下一般的帶有上下限約束的最佳化問題，定義關於引數 x 的最佳化目標函數為 $f(x)$，限制條件為 $l \leq x \leq \mu$，l 和 μ 分別為變數 x 的下界和上界，對於評分卡模型 $l_i = 0$，$\mu_i = \infty$。如定理 1 所示。

定理 1（有約束的最佳條件）若 $f(x)$ 為一連續可微函數，x^* 是 $f(x)$ 的局部極小值

$$\min_{x \in \mathbf{R}^n} f(x)$$
$$\text{s.t.}\ l \leq x \leq \mu$$

則滿足以下關係

$$\left(\frac{\partial f}{\partial x_i}\right)_{x=x^*} \begin{cases} \geq 0, & \text{if } x_i^* = l_i \\ = 0, & \text{if } l_i < x_i^* < u_i \\ \leq 0, & \text{if } x_i^* = u_i \end{cases}$$

定義投影運算元以下

$$\left[P_{[l,u]}(x)\right]_i = \begin{cases} l_i, & \text{if } x_i \leq l_i \\ x_i, & \text{if } l_i \leq x_i < u_i \\ u_i, & \text{if } x_i \geq u_i \end{cases}$$

則以下一階條件成立，如定理 2 所示。

定理 **2**（約束的一階條件）若 $f(x)$ 為一連續可微函數，x^* 是 $f(x)$ 的局部極小值，那麼

$$x^* = P_{[l,u]}\left(x^* - \nabla f\left(x^*\right)\right)$$

應用投影運算元對 w_i 進行迭代，以保證係數 $w_i \geqslant 0$，即

$$w_{k+1} = P_{[0,+\infty)}\left(w_k - \eta \hat{g}_k\right)$$

式中，η 和 $\hat{g}_k$ 分別為學習速率和下降方向，w_i 的初值為正。以這種迭代方式確定邏輯回歸係數，可在很大程度上減少調整入模變數所耗費的時間，從而達到最佳化效果。帶上下界約束的約束最佳化問題可利用 L-BFGS-B 演算法進行求解[73]。在聯邦學習框架下，由於隱私保護技術帶來了巨大的時間負擔，可以直接應用投影運算元到求解最佳化問題的最速下降迭代中，在滿足限制條件的情況下求解最佳化問題，避免得到不符合可解釋性要求的模型導致需要重新訓練模型，從而實現模型可解釋性和求解成本的平衡[45,74,75]。

9.1.4 應用案例

1. 個人消費貸案例

銀行擁有大量有信貸需求的使用者，而資料來源公司掌握著巨量使用者的行為資料和場景資料。透過聯邦學習，銀行無須交換明細級原始資料，即可聯合其他資料來源公司建立風控模型。這樣既能打破資料門檻，讓不同的公司滿足各自的利益訴求，又能保護各自的資料安全和使用者隱私。

以某銀行個人消費貸申請評分模型為例，該產品的特點是全線上、無抵押，用於滿足客戶裝潢、購車、旅遊、留學等多方面的用款需求。在風控

審核中，該銀行可用的資料有客戶在銀行內留存的個人資訊及信用分資料。當客戶為銀行新戶或徵信白戶（即從未辦理過貸款業務，也從未申請過信用卡）時，銀行則沒有足夠的銀行內資料可以參考。對於此類客戶，銀行很難對其信用水準進行準確評估。針對這類情況，銀行可以引入外部公司進行垂直聯邦學習建模，利用電信業者的通話標籤資料為客戶增信，提升模型的預測能力。如圖 9-1-1 所示，在進行垂直聯邦學習建模前，銀行首先需要找到與外部公司的交集客戶，例如有相同手機號碼的客戶，透過 PSI（Private Set Intersection，隱私集合交集）技術保證雙方均無法知道合作方的差集客戶。

在建模時，銀行擁有信貸逾期標籤資料和信用分資料，電信業者擁有通話記錄資料。當模型訓練完成時，雙方僅可獲得各自對應變數的係數，模型效果比僅使用信用分資料顯著提升。如圖 9-1-2 所示，左邊為僅使用信用分資料的模型效果，右邊為以垂直聯邦學習為基礎的模型效果，AUC（ROC 曲線下的面積）提升了約 10%，這從側面反映了通話記錄資料在該場景中代表個人的信用水準。在模型上線後，雙方各自運行維護模型，當進行預測時，需要結合雙方的模型共同預測。

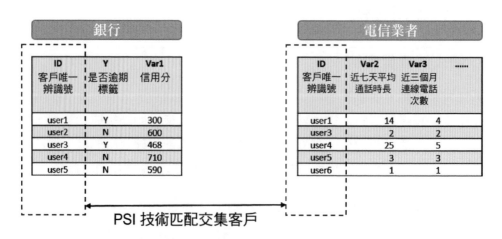

圖 9-1-1 垂直聯邦學習建模前樣本對齊

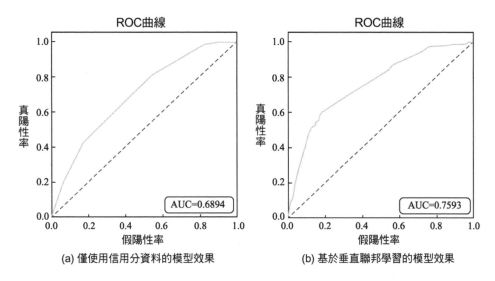

圖 9-1-2 使用信用分資料和以垂直聯邦學習為基礎的模型效果

利用聯邦學習進行聯合建模,不僅解決了徵信資料來源單一的問題,還提升了模型效果,同時更進一步地保護了客戶隱私,進而幫助銀行滿足符合規範的要求,實現了智慧風控升級。

2. 中小企業貸案例

中小企業在經濟發展中扮演著重要角色。受外部影響,中小企業融資難、融資貴的問題日益凸顯。中小企業貸款有「期限短、金額低、頻率高、時效性強」的特點,「網際網路+」、巨量資料、人工智慧等新興技術能有效地改進銀產業金融機構的信用評價模型,其在提升中小企業貸款業務效率等方面發揮著重要作用。

銀行透過連線中小企業的徵信資料,以資料為基礎建立中小企業的信貸風險辨識模型進行授信決策。相關資料可以包括中國人民銀行徵信報告、工商資訊、司法資訊、行政資訊、財務資訊、無形資產、輿情資訊等。銀行還可以透過垂直聯邦學習引入資料來源,避免使用者的敏感資訊被快取或洩露。此外，利用機器學習建模也面臨建模樣本不足的問題，中小企業貸款受多種因素影響，純信用貸款樣本很少，這就造成了多數金融機構沒有足夠的適用於線上信用貸款的中小企業樣本進行巨量資料建模。水平聯邦學習有助解決這一產業難題，各家銀行通常評估企業信用的特徵維度的重合度較高，而重合的企業很少，因此多家銀行可以透過水平聯邦學習建模，這樣既增加了有標籤的企業數量和可用於建模的樣本數量，又提升了模型的準確性。

下面介紹兩家機構進行水平聯邦學習建模的案例，如圖 9-1-3 所示，銀行A 和機構 B 都使用同樣的指標對中小企業進行評分。水平聯邦邏輯回歸的過程如下。各方在每次迭代中使用自己的資料訓練模型，並將明文或加密的梯度發送給第三方（Arbiter）。第三方計算聯合梯度，然後把更新後的梯度分別回饋給每一方，當聯邦學習模型收斂或模型迭代次數達到閾值時停止訓練。

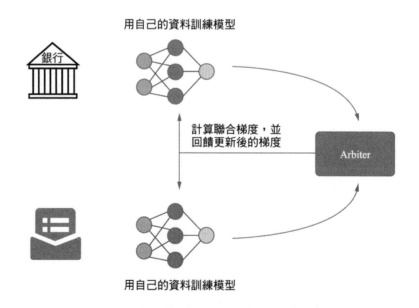

圖 9-1-3　銀行 A 與機構 B 水平聯邦學習建模範例

在該案例中，比較聯邦學習建模與各機構分別建模的效果。由於加入了更多的樣本，聯邦學習模型的泛化性和預測效果均獲得了顯著提升。如圖 9-1-4 所示，傳統的建模方法，模型的 AUC 僅為 0.6987。透過水平聯邦學習建模，使用新的模型重新預測違約機率，模型的風險排序和區分能力均有提升，模型的 AUC 大幅提升至 0.7336，約增加 5%。此外，不同於垂直聯邦學習，模型線上上進行預測時無須與外部機構進行資料互動，在訓練完成後每個機構都可以獲得模型的參數，當模型效果衰減時再重新進行水平聯邦學習模型迭代即可。

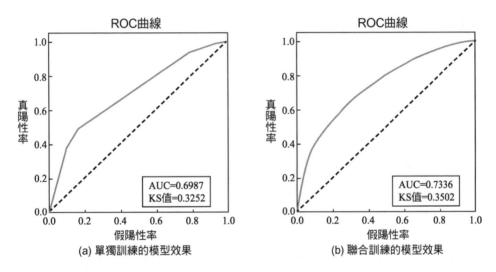

圖 9-1-4 模型效果

本節在聯邦學習框架內提出了一種投影運算元用於求解有約束的標準邏輯回歸。將該演算法運用於金融風險評分，單次訓練就能最佳化好評分卡模型。因此，該演算法在聯邦學習場景中不僅避免了費時的特徵篩選和參數最佳化過程，而且還確保了評分卡的可解釋性和堅固性。結合具體的業務場景，如個人消費貸和中小企業貸，我們在低計算負擔的情況下完成了模型訓練，評估模型性能的指標（如 AUC 和 KS 值等）均有顯著提升。

9.2 對企業客戶評估的聯邦學習和區塊鏈聯合解決方案

9.2.1 金融控股集團內對企業客戶評估的應用背景

聯邦學習框架提供了一系列演算法模組，可以在各方明細資料不出本地的情況下實現樣本對齊、相關統計量計算及特定模型訓練，建構多機構間的信任網路，並解決資料共用問題，集合更多參與方的資料加速模型訓練，共用應用成果。聯邦學習可以有效地增強資料探勘能力，在資料不出本地的前提下完成多中繼資料聯合建模。結合區塊鏈技術記錄各方特徵中繼資料，可以建構更豐富、更公平的金融資料模型和激勵機制，以此激勵更多機構參與方積極加入聯邦學習的聯盟。

大型金融控股集團統一採購豐富的機構客戶資料，可以為豐富和完善機構客戶資訊、分析和採擷客戶的潛在風險提供資料基礎。在合法符合規範的前提下，聯邦學習可以透過聯合建模的方式，有效地避開安全風險，實現資料共用。在本案例場景中，結合聯邦學習技術，我們能有效地提升證券業對公客戶分類評級模型的效果，並降低成本。

在本案例中，區塊鏈技術的應用主要針對聯邦學習訓練前的資料確權、訓練前後樣本一致性的痛點，其能夠建構公平有效、自動化、規則化、去中心化執行的聯邦學習激勵方案。該方案能夠擺脫以往的技術案例中對可信第三方稽核機構的依賴，執行資料確權審查及激勵分配工作，利用區塊鏈技術可以有效地縮減這部分營運成本，達到降本增效的效果。

9.2.2 聯邦解決方案的內容

1. 聯邦資料存證方案

本案例中的對公客戶的分類評級聯邦學習解決方案，屬於垂直聯邦學習場景，透過多聯邦學習節點的聯邦訓練，使資料特徵維度更加全面。在以同態加密為基礎的聯邦學習的應用過程中，並不會出現資料洩露的問題。但如何確保或約束聯邦學習各個計算節點的訓練資料在訓練過程中的一致性，一直是聯邦學習應用實踐時必須要解決的問題。常見的方案是獨立的第三方稽核機構對資料存證，其優勢是實踐安全性高，同時由於實踐的過程依賴於聯邦學習各個節點對第三方稽核機構的認可，導致實施成本居高不下。

本案例提出了以區塊鏈技術為基礎的聯邦資料存證方案，可以降低節點之間的信任成本，並提供資料存證的有效解決方案，能身為有效的聯邦資料方案進行推廣。該方案不但能滿足聯邦學習網路計算節點的可擴充性，同時可以極大地降低第三方稽核的資料存證成本。

2. 聯邦訓練建模方案

1）架設各機構間的聯邦學習平台基礎設施
架設聯邦學習平台，建立聯合建模基礎設施，該平台協作各成員機構使用聯邦學習平台訓練模型，為各成員機構或參與方提供基礎建模平台。

2）在聯邦學習平台上開發聯合模型
在各成員機構的聯邦學習平台上，結合具體的業務需求聯合開發資料探勘模型（包含模型開發、訓練、最佳化和穩定性測試），最終形成智慧模型並作用於對應的業務。

3）以區塊鏈技術為基礎的中繼資料標準及聯邦激勵機制

在聯邦學習平台上多方共同建模，必須讓各方提供的客戶標籤或特徵資料遵循統一的中繼資料規範要求，且有完備的中繼資料資訊描述，從而確保模型的可解釋性。同時，為了保證模型開發時的公平性，我們需統計各參與方特徵資料的貢獻並進行登記，將此作為對價或業務分潤的依據。透過架設區塊鏈平台，利用區塊鏈技術能有效地保證資料可信和可溯源。

9.2.3 券商對公客戶的評級開發

在本案例中，金融控股集團內的券商只有客戶的投資理財資訊，而要進一步拓展業務領域和提升業務水準，往往需要更多的支援資料，如企業規模、納稅情況和經營財務狀況等。因此，金融控股集團需借助多方外部資料進行全面的客戶畫像和業務分析。券商資料一般有基本特徵、經營屬性、財務屬性、信用屬性和交易屬性五大類資料，源於券商交易資料、反洗錢資料、集團從外部採購的公開的財務資料等。金融控股集團可以利用客戶在券商業務服務內的表現，並融合集團內多方機構的業務表現資料，從風險角度對客戶進行評分評級，提升風控能力並據此對客戶進行差異化的風險管理。

在本案例中，證券業務機構（Guest 方）的客戶資料標籤包含客戶號（證券唯一標識）、主資金帳號（證券）、機構名稱、統一社會信用號、機構程式、是否為上市公司、所屬營業部、地址、註冊資本、反洗錢評級、2019 年交易量、2019 年期末總資產、2018 年交易量和 2018 年期末總資產等特徵。

金融控股集團（Host 方）內其他機構的客戶資料特徵包含客戶名字、客戶號、統一信用號、機構類型、是否為上市公司、公司規模、省份、公司程式、投資人、出資比例、連結產品名稱、融資輪數、融資次數、營業期限截止時間、註冊資本和實際控股人類型等。

受限於壞樣本體量太小，單一金融機構（如券商）往往難以訓練出真正有助業務的對公評級模型。然而，在聯邦學習框架下，跨機構聯合多方能增加壞樣本數為訓練評級模型提供可能。在真實的場景中，結合業務目標，券商會融合客戶在金融控股集團內其他機構上的多個業務表現，提取與風險相關的統計指標，從而定義適用於業務目標的壞樣本。在聯邦學習平台上，各參與方先分別用資料前置處理辦法處理遺漏值和異常值，並在避免共線性的前提下篩選特徵，而後使用邏輯回歸或 SecureBoost 等進行模型開發和評估[50]，最終將模型的預測機率轉化成評分，繼而按照國際評級標準將評分轉化成標準評級類別。

在聯邦學習框架下，我們利用上述流程並結合集團內多方資料，對券商1.2 萬家的企業客戶進行風險評級。訓練得到的兩種評級模型，在測試集上的排序能力（如圖 9-2-1 所示）都顯著高於僅使用券商資料的模型。在實際的風險評級場景中，往往需滿足業務可解釋性。因此，我們最終仍使用具有強業務解釋性的邏輯回歸作為基礎的評分卡模型。

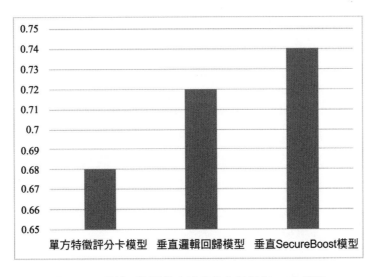

圖 9-2-1 各模型測試集上排序能力指標的 AUC 情況

在本案例中，某全牌照綜合金融控股集團在符合規範的前提下推進各成員企業間資料共用，並利用資料中台全面賦能集團內各成員企業，以實現協作發展。結合該金融控股集團內券商的風險評級需求，在聯邦學習框架下，我們聯合集團內多方的業務資料對券商 1.2 萬家企業客戶做風險評級分析，具有可解釋性的垂直邏輯回歸模型的評價指標 AUC 從 0.68 顯著地提升至 0.72，且非線性的 SeureBoost 模型的 AUC 則提升至 0.74。同時，利用區塊鏈技術能減少資料稽核等營運支出，使得中繼資料治理成本下降近 10%。該解決方案有大量的應用需求和廣闊的應用前景，必將催生進一步的業務應用實踐。

9.3 在保險核保場景中銀行保險資料聯邦學習實踐

9.3.1 保險核保

保險核保，是指保險公司運用專業的風控技術量化承保人的風險，如健康風險、財務風險等。因此，核保往往是承保業務的核心[65]，對控制風險和提升保險資產品質造成非常重要的作用。

以重大疾病險（簡稱重疾險）為例，專業的核保往往需要豐富的醫學知識、長期的核保經驗及較強的風險意識，繼而將其轉化成以專家經驗為基礎的業務規則系統。近年來，隨著行動網際網路和巨量資料技術的迅速發展，保險公司均採取了線上核保的方式。具體而言，把傳統的業務規則拆分成許多個對話型的問答，既能避開業務規則僅是「是」與「否」的選項窘境，又大幅提升了整個核保過程的效率[77,78]。

核保一般有五種結果，具體如下：①標準體承保。承保人符合保險產品的承保要求，即正常投保。②除外責任承保。保險公司做出責任除外的核保結果。③加費承保。被保險人患有疾病或有病史等其他風險，加費才能承保。④延期承保。保險公司無法判斷被保險人可能存在的風險，可能會延期承保。⑤拒保。投保人不符合承保要求。對於線上投保而言，核保一般只有標準體承保、延期承保和拒保三種結果。

9.3.2 智慧核保

以健康險業務為例，核保人員的專業水準是各保險公司的核心競爭力，其核保的準確性和效率直接影響了保險公司的經營風險和利潤。近年來，隨著健康險業務迅速增長，專業的核保人員出現較大的人才缺口。雖然各保險公司在核保上紛紛投入了大量的資源，核心的問題依然難以解決：核保高度依賴人工經驗，而核保人員的專業背景和產業經驗的差異導致核保成本高、效率低。

針對核保業務中的風控問題，核保智慧化轉型迫在眉睫。幸運的是，保險產業意識到自身擁有的巨量資料優勢，結合機器學習和資料探勘技術深度採擷其價值，使得智慧核保變為可能。舉例來說，運用經典的機器學習模型和生物辨識技術與客戶即時互動，平安人壽[79,80]推出的新型智慧核保系統，使核保週期大幅縮短。澳洲某保險公司在車險定價上[81]，運用資料探勘演算法，如支援向量回歸和邏輯回歸等，實現了「一人一車一價」的定價方案，為每位車主訂制專屬的產品和差異化的費率，從而實現了車險產品的精準定價。簡而言之，智慧核保的業務目標主要有以下兩個：①結合人工智慧演算法模型實現風險等級評估，根據評估結果調整承保策略，輔助核保人員快速完成核保業務判斷，提升業務處理的效率並降低人工審核的不確定性。②全面提升客戶資料價值，根據投保人的風險偏好和信用系統量化其風險，並精準畫像，從而實現差異化定價，保障投保人的權益和保險公司的商業利益。

9.3.3 聯邦學習與智慧核保

人工智慧在保險風控領域已表現出初步的應用價值，而當前主要的侷限在於保險公司獲取多維度、跨產業的異質資料依然較困難，這限制了包含智慧核保在內的保險科技進一步發展。要進一步提升保險公司智慧核保的風險辨識能力和其資產品質，往往需要融合跨產業的醫療、網際網路、金融等多方資料。保險產業的資料融合方法是利用人工智慧技術（如聯邦學習等），與多方機構聯合訓練機器學習模型。身為新型、分散式的機器學習方法，聯邦學習具有保護隱私和保證多方本地資料安全的顯著優勢。利用聯邦學習和隱私安全等關鍵技術，能對多方資料進行融合和連結。智慧核保的多方安全計算框架如圖 9-3-1 所示，即聯合訓練機器學習模型，以提升包含反詐騙、風險評價、智慧行銷等在內的系統性風控能力。

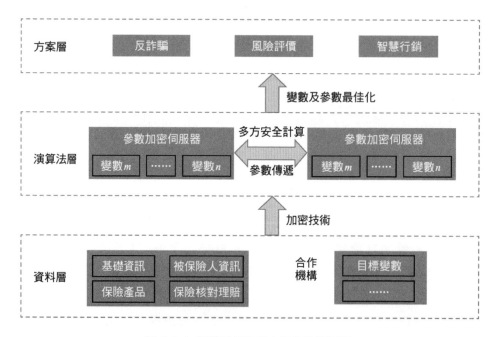

圖 9-3-1 智慧核保的多方安全計算框架

在本節的實際案例中，我們在垂直聯邦學習框架下，聯合保險公司和銀行雙方共同訓練重疾險核保的風險評級模型，同時考慮到金融監管的風險符合規範等因素，不會揭露金融機構業務資料中變數特徵名稱。結合保險公司的業務瞭解和定義，目標變數為 1 和 0，分別表示購買重疾險且短期內是/否發生理賠。考慮到核保業務的風險評估需有顯著的業務可解釋性，因此我們使用了強解釋性的線性模型——邏輯回歸來訓練評級模型。雙方用於訓練模型的資料集共有 8277 個樣本，其中 82 個是短期內發生理賠的樣本，對應的正負樣本比例近似為 100：1。該資料集共包含 28 個特徵，其中 20 個特徵來自保險公司方（X1～X20），表徵身份特徵和人口輪廓等組成的衍生特徵等，其他 8 個特徵來自銀行方（X21～X28），表徵財富水準、履約能力和消費能力。

我們進一步透過單因數分析來檢測各特徵變數的預測能力。首先，對特徵變數做分箱，即按照一定的準則（決策樹、卡方等距箱方法）讓其離散化，基本原則是組間差異大、組內差異小且每組比例不低於設定的閾值，從而能有效地建構出各變數內部的貢獻大小及相對重要性。因此，連續型數值變數將被劃分為許多個分段，而類別型變數會被合併為許多個類別組合。其次，對上述分箱變數做 WOE 編碼，並加權求和，即計算資訊價值（Information Value，IV）。IV 越大說明特徵變數與目標變數的相關性越強、預測能力越強。IV 也常被用於快速篩選特徵變數。在聯邦學習場景中的 WOE 和 IV 計算詳見第 2 章，在此不再贅述。為了避免特徵變數的共線性問題且剔除小於 0.01 的 IV，對上述特徵變數按照其 IV 的高低排序，見表 9-3-1。我們可以看出，最終用於模型訓練的特徵變數共 10 個，其中來自保險公司方的特徵變數有 7 個（X1、X4、X6、X9、X10、X15 和 X19），其對應的 IV 分別為 0.435、0.407、0.137、0.105、0.101、0.090 和 0.088，剩下的 3 個特徵變數則來自銀行方（X21，X23 和 X27），其對應的 IV 分別為 0.999、0.055 和 0.016。

表 9-3-1 IV 大於 0.01 的特徵變數及其值

特徵變數	IV
X21	0.999
X1	0.435
X4	0.407
X6	0.137
X9	0.105
X10	0.101
X15	0.090
X19	0.088
X23	0.055
X27	0.016

在經過分箱之後，我們看到這些特徵變數與理賠率呈顯著的單調性，如圖 9-3-2 所示，水平座標為特徵變數的分組，左垂直座標為分箱的樣本佔比，右垂直座標為分箱樣本中的理賠率。以銀行方資料中 IV 最高的特徵變數 X21 為例，其原始資料是字串型的，經過 WOE 編碼和分組，轉為五組（0、1、2、3 和 4），對應的樣本佔比和理賠率分別是（23.5%、28.3%、27.0%、15.6% 和 5.7%）和（0.1%、0.6%、0.9%、1.8% 和 4.9%），理賠率呈顯著的單調性且組間的差異顯著，IV 為 0.999；而以保險公司方資料中 IV 最高的特徵變數 X1 為例，其原始資料也是字串型的，分為三組（"30.0%,10.0%"，"20.0%" 和 "99.0%,40.0%"），對應的樣本佔比和理賠率分別是（32.3%、56.0% 和 11.8%）和（0.3%、1.2% 和 2.1%）。同樣，理賠率呈顯著的單調性且組間的理賠率有較大差異，IV 為 0.435。

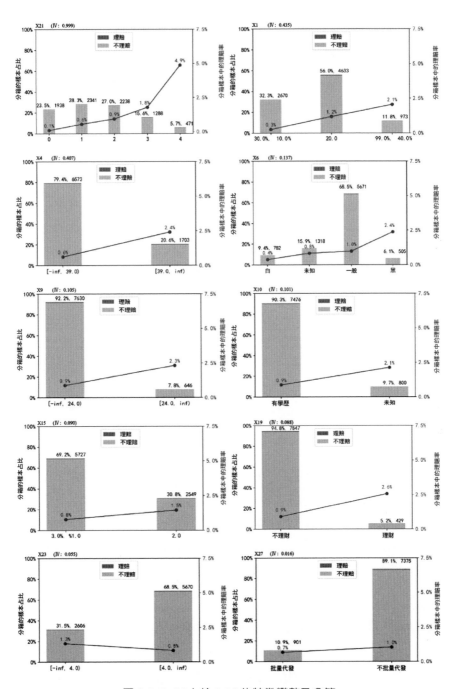

圖 9-3-2 IV 大於 0.01 的特徵變數及分箱

考慮風控場景中的業務可解釋性及受樣本數太小的限制,我們使用模型容量小的線性模型(標準的邏輯回歸)來訓練評級模型。同時,考慮正負樣本比例高度失衡,約為 100:1,可自訂正負樣本權重(class_weight={0:0.1,1:1.0}),即如果將理賠樣本判斷成正常樣本對應的損失,那麼其損失是正常樣本被判別為理賠樣本的 10 倍。

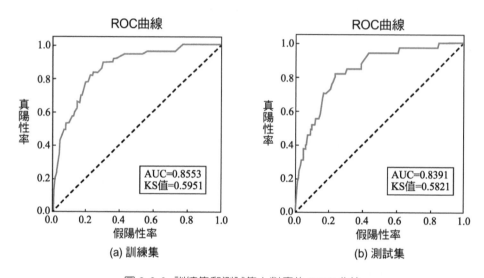

圖 9-3-3 訓練集和測試集上對應的 ROC 曲線

將全量樣本按照 6:4 的比例切分為訓練集和測試集,使用前者訓練評級模型,並將該模型應用於後者共同評估模型效果。其中,評估模型效果的指標有多個,包含了 ROC(Receiver Operating Characteristic,受試者工作特徵)曲線對應的 AUC(Area Under Curve,ROC 曲線下方的面積)、K-S 曲線對應的 KS 值和各預測分值段的提升度(lift)等,均能有效地反映模型預測分類問題時的區分能力。如圖 9-3-3 所示,模型在訓練集和測試集上的 AUC 和 KS 值分別達到 0.8553、0.5951 和 0.8391、0.5821。同時,由於樣本數整體偏小,導致了 ROC 曲線不平滑、出現步階。真陽性率和假陽性率分別為模型辨識出的真陽性樣本除以全部陽性樣本和模型辨識出的假陽性樣本除以全部陰性樣本。從圖 9-3-3 中可以看出，當假陽性率接近 0.1 時，真陽性率超過了 0.5，直接說明了模型對重疾險客戶是否在短期內理賠的區分能力不錯。

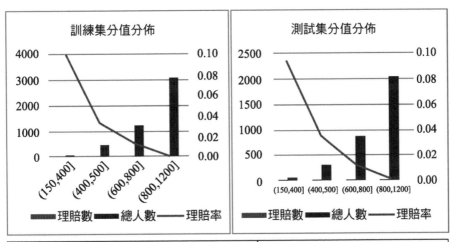

分值間隔	訓練集				測試集			
	理賠數 (個)	總人數 (個)	理賠率	提升度	理賠數 (個)	總人數 (個)	理賠率	提升度
(150,400]	10	96	10.42%	10.42	6	64	9.38%	9.38
(400,500]	17	499	3.41%	3.41	11	311	3.54%	3.54
(600,800]	18	1264	1.42%	1.42	11	883	1.25%	1.25
(800,1200]	4	3106	0.13%	0.13	5	2053	0.24%	0.24

圖 9-3-4　訓練集和測試集樣本評分分佈，且在各分值段的理賠率和提升度

按照標準評分卡的計算要求，我們自訂基準分和刻度（理賠率降低一倍所需增加的分值 Point-to-Double Odds (PDO)），最終生成評分表。對評分的值從低到高排序，訓練集和測試資料在各分值段上的理賠率如圖 9-3-4 所示，其中水平座標是評分分值的間隔，左、右垂直座標分別是樣本數和對

應的理賠率。我們可以看出，隨著分值增加，訓練集和測試集的理賠率分別由(150,400]的 10.42%和 9.38%下降至(800,1200]的 0.13%和 0.24%，且下降趨勢呈顯著的單調性。與整體客戶群的理賠率 0.99%相比，考慮到低分值段(150,400]的客戶的理賠率約為 10%，對應的預測評分提升度約為 10 倍且客戶人數較少，可以考慮結合業務邏輯拒絕提供承保服務；而對於高分值段(800,1200]的客戶，其訓練集和測試集的理賠率分別為 0.13%和 0.24%，因此我們可以對其按照標準提供承保服務。

考慮到本節主要介紹聯邦學習如何作用於重疾險智慧核保的風險辨識，跨時間驗證特徵、模型穩定性流程將不在此贅述。

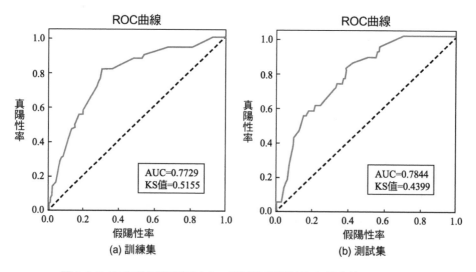

圖 9-3-5 在非聯邦學習場景中，訓練集和測試集上對應的 ROC 曲線

在非聯邦學習場景中，我們無法聯合銀行方的 3 個特徵變數，即只有保險公司方的 7 個特徵變數用於模型訓練，它們分別是 X1、X4、X6、X9、X10、X15 和 X19。我們進一步評估其模型訓練效果，如圖 9-3-5 所示，模型在訓練集和測試集上的 AUC 和 KS 值分別為 0.7729、0.5155 和 0.7844、0.4399，相比於聯邦學習情形下，其在分類問題上的區分能力和

穩定性均大幅下降。同時，我們也可以看出，當假陽性率接近 0.1 時，真陽性率僅接近 0.3，進一步反映了其遠不如聯邦學習情形下的區分能力。考慮到非聯邦學習場景中的重疾險核保模型的辨識、區分效果不足，我們將不再展示該模型在不同分值段上的理賠率和提升度。

在本節中，我們在垂直聯邦學習框架下，聯合保險公司和銀行雙方共同訓練重疾險核保的風險評級模型。與非聯邦學習場景相比，評估模型效果的指標 AUC、KS 值和提升度均有很大地增加，其評分結果在低分值段的提升度大於 10.0 且高分值段的提升度小於 0.2。我們可以結合業務邏輯對低分值段、高風險的客戶拒保，而對高分值段、低風險的客戶採用標準體承保。

9.3 在保險核保場景中銀行保險資料聯邦學習實踐

聯邦學習應用擴充

10.1 以聯邦學習為基礎的電腦視覺應用

自 20 世紀 50 年代以來，研究人員對照相機、攝影機等影像成像裝置與電腦硬體裝置的研究不斷取得技術進步，萌生了用電腦模仿人類視覺神經工作的想法，電腦視覺應運而生。電腦視覺這個學科的終極研究目標是讓電腦可以像人一樣，對外部世界進行觀察並在此基礎上進一步地瞭解外部世界，對外部世界中的事物進行學習，從而具有自主適應外部環境的能力。實現這一終極目標需要長久的研究與努力，因此研究人員提出了一個階段性的中期目標：為電腦建立一套具有一定智慧的視覺系統，這個系統可以根據接收到的視覺資訊做出一些簡單的判斷並完成一些簡單的任務。具體來說，就是讓電腦可以從外部圖型、影像中讀取到一些外部世界的資訊（如物體的數目、種類、顏色、位置、狀態等資訊），再根據這些資訊完成一些特定的任務（如檢測物體是否存在、為物體分類、對物體進行辨識）。

電腦視覺學科的研究方法主要是用電子成像裝置結合電腦硬體算力裝置共同模擬生物視覺神經系統。其中，電子成像裝置包括紅外攝影機、CCD/CMOS 攝影機（數位相機、攝影機均屬於此類）、在醫學領域中廣泛應用的 X 射線及磁共振成像（Magnetic Resonance Imaging，MRI）裝置等，我們可以將它們稱作「電腦的眼睛」。這些電子成像裝置可以幫助電腦獲取到類型豐富的電子圖型或圖型序列，其中蘊含的資訊量及特徵遠超人眼獲取到的圖型，因此電子成像裝置組成了電腦視覺學科的基礎。而與之相對的是，電子計算機構成了這一學科的核心，可以被稱作「電腦視覺系統的大腦」，負責利用非凡的運算能力實現對圖型的瞭解及執行智慧任務。

近年來，隨著研究逐漸深入，研究人員提出了創新的「類神經網路」，開始了電腦對人腦神經網路的初步模擬。20 世紀 80 年代，「反向傳播演算法[82]」的發明，更具有里程碑意義，極大地簡化了樣本計算的複雜度，使電腦已經可以根據已有資料去預測未發生的事件。2006 年，來自多倫多大學的 Geoffrey Hinton 教授在深層神經網路的學習訓練中獲得了巨大進展，以這種神經網路為基礎的學習被稱為深度學習[83]。至此，電腦視覺的問題已經被極大地簡化了，人們只需要對電腦輸入原始圖像資料，就可以讓電腦完成複雜的辨識與分類。

10.1.1 聯邦電腦視覺簡述

關於電腦視覺的研究在最近 20 年內獲得了長足的進步，從研究到實踐的應用越來越多，這主要得益於以巨量圖像資料資源作為基礎。目前應用得最廣泛、研究得最深入的電腦視覺應用，通常集中在圖像資料資源最豐富的領域，如人臉辨識[84]、物體數目檢測[85]、物體種類辨識[86]等。這些領域通常具有大量高品質的圖像資料資源，並且圖像資料資源的收集難度較低，更容易產出研究成果和讓應用實踐，因此吸引了更多的學者與從業人員進入該領域。

然而，這種圍繞著熱點圖像資料資源進行研究及開發的模式具有兩面性。一方面，這種模式確實極大地促進了研究的開展。圍繞著熱點領域，電腦視覺方面的一些深度學習技術發展很快。另一方面，這樣的研究模式對於非熱點領域的中小規模企業和研究人員存在著極高的門檻。在非熱點領域，高品質的圖像資料資源緊缺，而小型企業、實驗室能夠掌握的圖像資料資源就更加匱乏。這使得電腦視覺在一些新領域中的研究進展日趨緩慢。

舉例來說，在醫學圖型領域，直接檢測病患的 X 光、磁共振成像結果中是否含有病變區域或腫瘤，一直是研究人員聚焦的方向。但由於病患圖型樣本數量嚴重不足，這個領域的研究進展並不樂觀。另外，不同的企業、實驗室之間由於資料隱私、激勵機制、安全風險甚至政治因素等，不願意互相分享彼此掌握的醫學圖像資料資源。圖像資料資源的總量本就不足，而各企業由於對資料安全和隱私保護方面的擔憂，被迫形成「資料孤島」，導致資料獲取困難、模型訓練更困難，這樣的情況在電腦視覺技術的研究中比比皆是。

聯邦學習則可以在很大程度上解決上述難題。聯邦學習技術允許不同的使用者在不上傳本地資料、不共用明細級私有資源的前提下，組合成一個聯合體進行訓練，進而得到以所有使用者資料訓練出為基礎的全域模型。不僅如此，聯邦學習可以根據不同使用者上傳的模型差異進行平均化更新，線上完成更新並改善全域模型，如圖 10-1-1 所示。

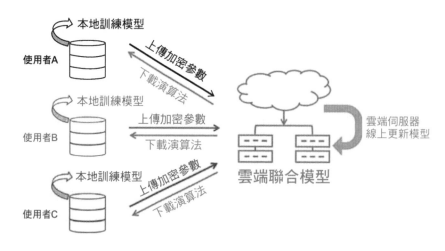

圖 10-1-1 聯邦電腦視覺模型的訓練過程

透過聯邦學習，不同的使用者具有相同的共用節點——線上的全域模型。與傳統的模型訓練相比，使用者無須上傳資料至雲端伺服器，而是在需要時將演算法下載至本地，再結合本地的圖像資料對全域模型進行訓練，在訓練結束後將模型變更的網路架構與參數上傳回雲端伺服器，即可在不上傳私有資料的情況下完成對共用模型的訓練與更新。而雲端伺服器則會線上更新共用模型。最後，各個使用者可以在本地部署共用模型並投入使用，而在使用中又可以不斷地將擷取到的新資料加入模型訓練，再共用至雲端伺服器，完成源源不斷的迭代與更新。

10.1.2 研究現狀與應用展望

在電腦視覺的熱點領域（如人臉辨識、物體辨識等）中，資料量不足和「資料孤島」現象出現的頻率相對較低，因此聯邦學習在電腦視覺領域中的研究主要圍繞著一些重要性較高、資料資源不足且共用資料存在困難的領域進行，例如安全領域和醫療領域。安全領域和醫療領域的資料使用往往存在著隱私與法律方面的顧慮，在監管上較其他領域圖像資料更為嚴格，而且這些資料通常由不同的企業與機構擷取儲存。以上種種原因，使得這些資料很難在不同的企業和機構間直接進行共用。為了解決這一難題，一些學者嘗試使用聯邦學習技術。Reina 等研究人員在醫療領域第一次應用了聯邦學習技術，他們建構了一個無須上傳病患資料與圖像資料的線上共用模型，並嘗試用這個模型在多個機構間進行聯邦學習訓練，對解決醫療圖像資料的隱私問題進行了初步嘗試。但這種研究想法仍存在著一些缺憾與風險，它仍然需要一個有公信力的、可信任的機構作為收集本地模型及訓練全域模型的實體。為了避免出現伺服器單點故障的現象，聯邦學習模型對於這一實體角色具有可信任性和技術實力雙方面的高度要求。

為了解決這一難題，Roy 等[87]提出了一種去中心化的新型聯邦學習架構。這種新型的聯邦學習架構使用了已有的網路通訊協定對傳統的聯邦聚合方法進行改進，去除了聯邦學習技術對於中央聚合伺服器的依賴。與傳統的聯邦學習架構相比，去中心化的聯邦學習架構不再指定一個特定的伺服器作為中央聚合伺服器，而是根據網路通訊協定在聯邦的使用者中隨機選擇一個作為臨時的聚合伺服器，在該使用者的伺服器上進行新版本的模型聚合與更新，此後將最新版本的模型傳給各使用者部署。然後，該架構一次次地隨機選取使用者作為臨時的聚合伺服器，不斷地聚合、更新全域模型。在這種新型架構中，各使用者都可能作為臨時的聚合伺服器，因此去除了對於中央聚合伺服器這一實體的依賴。而各使用者傳遞的仍然是模型架構及參數，不需要共用任何私有資料與資訊。這種去中心化的新型聯邦學習架構的不足之處在於：由於各使用者都要作為訓練節點，不同的節點間達成共識（即每個節點上部署的模型達到狀態一致）的過程需要耗費大量的時間。此外，通訊負擔過大成為整體訓練過程中的瓶頸。這兩個技術上的難題仍有待研究人員去解決。

圍繞著電腦視覺領域的困難，對聯邦學習進行了大量具有突破性的研究與實驗，因此產生了大量普及到使用者端的應用，例如在智慧保全、物聯網、製造業物品檢測等多領域多方面的應用。其中，智慧保全作為智慧城市的一部分，是未來電腦視覺技術的一大重要實踐方向，而保全攝影機擷取到的圖像資料中的主體通常是人，導致資料在共用時存在隱私和監管兩個方面的風險。此外，保全攝影機擷取到的圖像資料受圖型背景的影響較大，不同圖型中的相同個體由於圖型背景、角度差異過大也可能被辨識為不同的個體。為了解決上述問題，研究人員普遍認為仍需利用聯邦學習技術建構一個更加複雜的模型，即一個透過多維度、多角度圖型共同訓練得到的行人辨識模型。這就不可避免地需要用聯邦學習技術來訓練複雜的深度卷積神經網路（Convolutional Neural Network，CNN）等模型，同時會帶來訓練過程中模型參數難以收斂、不同的模型難以聚合的難題。此外，要解決相同個體在不同背景、不同角度的圖型中仍能被準確辨識的難題，需要將垂直聯邦學習模型與水平聯邦學習模型結合使用，這會帶來新的技術困難，但同時也為未來的發展定調。

在未來，智慧保全的範圍仍會不斷擴大，因此需要呼叫大量不同區域與角度的感測器、攝影機去擷取資料。而完成智慧保全任務不僅需要協調多個裝置，還需要在聯邦學習中協調多種多樣的圖像資料。此外，在去中心化的聯邦學習技術中，已表現出了對通訊協定與網路通訊協定的依賴。在未來，多個裝置、感測器的資料會即時互動，這同樣要求研究人員制定出更加先進、高效的通訊協定。

10.2 聯邦學習在自然語言處理領域的應用

隨著新型工業革命的到來和物聯網技術的不斷發展，各種資訊感測器（如可攜式、可穿戴的智慧裝置等）和網路連線技術結合起來，實現了物與物、物與人的廣泛連接。同時，即時感測器操作日誌和使用者行為資料等也累積到這些裝置的記憶體中。透過自然語言處理技術，上述可穿戴裝置可用於意圖辨識、情感分析、智慧問答、健康狀態管理和資訊檢索等。

在自然語言處理模型中，以循環神經網路（Recurrent Neural Network，RNN）為基礎的語言模型在語義預測等任務中表現出了優異的性能。在 RNN 中，長短期記憶網路（Long Short-Term Memory, LSTM）在具有可變大小滑動詞視窗的語義辨識上具有優異的性能。Gerz 等[88]考慮了 subword 粒度的上下文影響並提出了一個精細化的 LSTM 語言模型來最佳化語義預測。Lam 等[89]將高斯過程引入 LSTM 語言模型，以學習參數不確定性並最佳化神經網路門參數。Ma 等[90]對多變數使用了一系列單變數 LSTMs 訓練非同步時間序列，輸出預測結果。Aina 等[91]研究了組成敘述的詞彙單元問題性，並研究了 LSTM 層中上下文資訊的隱藏表示。

傳統的語言模型學習是一種中心化的學習方法，即將所有分散的裝置資料發送至伺服器上進行訓練。然而，來自成千上萬台行動裝置的資料如此巨大，以至於通訊成本非常高，伺服器很難滿足巨大的儲存需求。此外，使用者的資料具有高度私密性和敏感性，但在中央伺服器和邊緣裝置之間傳輸時面臨資料詐騙和洩露的風險。聯邦學習透過在行動裝置上協作訓練語言模型，而非將資料上傳到伺服器，並從分散式模型中學習，降低了資料傳輸的成本和隱私洩露風險。

10.2.1 聯邦自然語言處理技術進展

一般來說，自然語言處理模型訓練主要由以下 3 個階段組成：①全域伺服器初始化模型參數，然後裝置工作者下載模型。②各方分別在其本地資料上獨立地訓練模型。③所有經過本地訓練的模型透過一個安全協定隧道上傳到伺服器，並聚合為一個全域模型。最終，由 3 個階段組成的模型訓練過程迭代多輪，直到全域損失收斂或達到閾值。然而，即使使用這種有效的訓練模式，關鍵問題也是模型參數交換產生的巨大聚合和通訊負擔成本。

在處理聚合問題上，McMahan 等提出了一種聯邦平均（Federated Averaging, FedAvg）演算法，並將其廣泛地應用於邊緣裝置覆蓋的業務場景中。然而，該演算法僅計算平均的模型參數，並將其作為每輪全域模型的迭代參數。彭等[92]計算了兩個工作模型的相互資訊，並認為聯邦平均演算法不是以熵理論為基礎的最佳方法。Ji 等[93]介紹了一個注意聯邦聚合機制（Attentive Federated Learning, FedAtt），用於縮小伺服器模型和工作模型之間的加權距離。另外，通訊效率是目前聯邦學習的關鍵問題。姚等[94]提出了一個雙流模型，而非一個單一的訓練模型，以減少資源約束，每次迭代都採用最大平均差異原則。Vogels 等[95]將一種新的低階梯度壓縮演算法引入功率層迭代，以快速聚合模型，並執行時鐘加速。Lin 等發現，聯邦隨機梯度下降（Stochastic Gradient Descent, SGD）中 90%以上的梯度資訊是多餘的，並將動量修正、因數掩蔽和局部裁剪應用於梯度壓縮。

10.2.2 聯邦自然語言處理應用

意圖辨識是自然語言處理中的基本問題，其在智慧客服、評分分類等應用中非常重要。當前，意圖辨識的研究進展主要源於深度神經網路，其通常的做法是把預先訓練的詞嵌入向量，然後利用卷積或循環神經網路取出句子的層次特徵。其中，文字卷積神經網路（Text Convolutional Neural Network，TextCNN）常常應用於句子級的分類任務，它也是自然語言處理的基本結構。朱等[96]引入了資料集樣本層面的差異私有聯邦學習，以保護模型訓練過程中各方的資料隱私，並評估了聯邦 TextCNN 模型在不平衡資料負載設定下的性能，即對不同的資料雜訊分佈具有較強的堅固性，測試精度的方差小於 3%。

在手機、iPad 或筆記型電腦等行動智慧裝置上，使用者往往透過虛擬鍵盤輸入資訊。Andrew 等[32]使用聯邦學習訓練以循環神經網路為基礎的語言模型，對虛擬鍵盤輸入的下一個單字進行預測。他們進一步比較了以服務端為基礎的隨機梯度下降和終端的聯邦平均演算法的模型效果，發現以終端為基礎的聯邦平均演算法實現了更好的召回。該工作也證明了在不向中央伺服器發送使用者敏感性資料的情況下，在用戶端裝置上訓練語言模型的可行性和好處。聯邦學習環境讓使用者能夠更進一步地控制資料的使用，有效地完成分散式模型訓練和跨用戶端的聚合隱私的任務。除了上述的意圖辨識和單字預測，聯邦自然語言處理還在其他場景中有廣泛的應用[36]。

10.2.3 挑戰與展望

自然語言處理的本質是利用電腦實現自然語言資料的智慧化處理和分析。然而，以自然語言為核心的語義瞭解依然是機器難以逾越的鴻溝，主要面臨以下三大真實挑戰：①形式化知識系統存在明顯的組成缺失，如需要找尋和填補動作、行為、狀態機等知識。②深層結構化語義分析存在明顯的性能不足。③跨模態語言瞭解存在顯著的侷限。聯邦學習利用多方的語料資料，為探索自然語言處理研究和實踐提供了新範式。我們相信隨著聯邦自然語言處理技術的發展，這三大挑戰將逐步被克服。

10.3 聯邦學習在大健康領域中的應用

機器學習正在成為大健康領域的知識發現新方法，該方法往往需要豐富多樣的醫療資料。然而，醫療資料普遍存在獲取難度大、連結程度低等問題。透過去中心化的資料協作模式，聯邦學習能有效地解決上述問題。在聯邦學習計算框架下，利用多方巨量的無偏資料樣本訓練機器學習模型，能有效地反映個體的生理特質並精準地預測罕見疾病。因此，聯邦學習將為精準醫療提供技術支援。

下面進一步討論聯邦學習在大健康領域中的應用，及各實施聯邦學習方所面臨的關鍵問題和挑戰。同時，在推進聯邦學習這種新的分散式學習範式時，亦需考慮產業鏈條上各參與方的實際利益訴求。

10.3.1 聯邦學習的大健康應用發展歷程

1. 資料依賴和風險符合規範

機器學習在大健康領域應用的基本準則是使用演算法分析、採擷資料，從而學習和掌握其中的規則，最終輔助醫生做臨床決策。因此，這種資料驅動的方法高度依賴於描述實際病理的底層資料。優質的資料集常被用於測試、評估最先進的演算法，甚至被視為經濟增長和科學進步的核心資源，而收集、清洗和維護資料集往往週期長、成本高。大類型資料集一般都匯集在資料湖中，並對外提供存取服務。目前，大健康領域在國際上已形成了有一定影響力的綜合和專業資料集。以掌握綜合資料集的機構為例，有蘇格蘭的國家安全港（NHS Scotland's National Safe Haven）、法國健康資料中心（French Health Data Hub）[97]和英國健康資料研究所（Health Data Research UK）。以掌握特定任務或疾病的專業資料集為例，有人類連接體（Human Connectome[98]）、英國生物資料庫（UK Biobank[99]）、國際多模式腫瘤分割（International multimodal Brain Tumor Segmentation）[100]等。

然而，公開發佈資料不僅存在隱私和資料保護相關的監管與法律挑戰，也帶來了諸多技術挑戰。舉例來說，如何安全地傳輸醫療保健資料依然棘手。以電子健康記錄資料為例，透過某些匿名資料能反向辨識患者[101]，與指紋一樣，透過基因組和醫學影像資料也能反向辨識患者[102]。要想徹底消除患者身份反向辨識或資訊洩露的可能性，通常建議讓已批准的資料庫存取使用者進行受限制的門控存取。因此，服務端的資料提供方一般也會限制資料的使用範圍。

2. 聯邦學習的作用

在解決隱私保護的前提下，利用非本地資料訓練機器學習模型是聯邦學習最核心的作用。在該框架內，各參與方不僅能自訂其資料治理和相關的隱私權原則，還能控制資料存取的許可權。透過聯邦學習系統內的資料共用，大健康領域將不斷湧現出新機遇。舉例來說，由於發病率低和各方樣本數少，難以對罕見病進行系統性研究，聯邦學習則使其變為可能。

聯邦學習還有另外一個顯著的優勢：高維度、儲存密集型的健康資料不必複製到本機伺服器。在該框架下，模型參數被保存至各方伺服器，隨著各參與方資料量的增加而更新，即不存在過度增加資料儲存伺服器的需求。

3. 聯邦學習對大健康領域的貢獻

聯邦學習是一種分散式機器學習的模式，其應用範圍涵蓋了整個醫療領域的人工智慧應用。它使得在資料全域分佈下的病理分析成為可能，並將持續帶來顛覆性的創新。舉例來說，利用各方的電子健康檔案，聯邦學習有助採擷臨床表現相似的患者，以及預測因心臟疾病導致的住院率、死亡率和重症監護時間等[103]。在醫學影像領域，如磁共振成像中的全腦和腦腫瘤分割等，聯邦學習的適用性和優勢也獲得了證實。該項技術被用於磁共振成像分類，以尋找可靠的疾病相關生物標示物，這也被認為是 COVID-19 疫情下的新型方法[104]。

值得注意的是，聯邦學習仍需要協定來定義資料使用範圍、目標和使用的技術。因此，當前的探索計畫，本質上是為未來醫療保健提供安全、公平和創新協作的標準。其包括旨在推進學術研究的平台，如值得信賴的聯邦資料分析（Trustworthy Federated Data Analytics）專案和德國癌症聯盟的聯合影像平台，這使得德國各方醫學成像研究機構能夠進行分散研究。此外，最近還有一個利用聯邦學習開發人工智慧模型的國際合作專案，用於辨識乳房 X 光源片。該專案的研究結果顯示，以多方資料為基礎的聯邦學習所訓練的模型的效果更好，且具有更好的泛化能力。

聯邦學習框架聯合多方醫療機構，不僅能促進科學研究，還能直接作用於臨床。舉例來說，HealthChain 專案為在法國的四家醫院開發和部署聯邦學習框架，旨在訓練預測乳腺癌和黑色素瘤患者治療反應的通用模型。該專案有助腫瘤學家從組織切片或皮膚鏡圖型中為每位患者確定最有效的治療方法。另外，一個由 30 家醫療保健機構組成的國際聯合會，使用有圖形化使用者介面的開放原始碼聯邦學習框架，旨在提升對腫瘤邊界的檢測效果，包括腦膠質瘤、乳腺腫瘤、肝腫瘤和多發性骨髓瘤患者的骨病變等。在新藥研究上，聯邦學習甚至能使相互競爭的醫藥公司共同研發。如 Melloddy 專案，其旨在跨十家製藥公司的資料集部署多個聯邦學習任務。透過訓練共同的預測模型，它可以推斷出化合物與蛋白質的結合過程，並以此最佳化藥物發現過程，而不必透漏各方的內部資料。

10.3.2 挑戰與顧慮

儘管聯邦學習有諸多優點，但它並不能解決醫療產業所固有的問題。機器學習模型訓練本質上依賴於資料品質、偏差和標準化等因素。我們通常還需要仔細地研究設計系統、定義資料獲取的通用協定、生成結構化報告和發現資料偏差等，共同解決上述問題。接下來，我們將討論其關鍵方面。

1. 資料異質性

醫療資料往往分佈各異，除了模式、維度和一般特徵的多樣性導致了差異，資料獲取、醫療器械品牌或當地人口統計等因素也會導致顯著的差異。資料分佈的異質性（非獨立同分佈的資料分佈特徵）對聯邦學習演算法和策略提出了挑戰。最近的研究顯示，FedProx[105]、部分資料共用策略和自我調整聯邦學習能有效地解決上述問題。另外，聯邦全域的最佳解未必是單一參與方的最佳解，所有參與方事前往往需要共同完成最佳解定義。

2. 隱私與安全

需要注意的是，聯邦學習並不能解決所有潛在的隱私保護問題，與一般的機器學習演算法類似，它總會帶來一些風險。雖然聯邦學習的隱私保護技術提供了高隱私保護等級，但是其在模型性能上有折衷，並最終影響模型的精度。此外，未來的技術和/或輔助資料可用於損害先前被認為是低風險的模型。

3. 可追溯和可問責

與本地模型訓練不同，聯邦學習需跨各方的硬體、軟體和網路方面的環境進行多方計算。因此，所有系統資產（資料存取歷史、教育訓練設定和超參數最佳化等）需可追溯。特別是在不受信任的聯合體中，可追溯和可問責流程需要完整執行。此外，模型訓練的統計結果作為模型開發工作流程的一部分需得到各方批准。儘管每個節點都可以存取自己的原始資料，但是仍需要提供一些其他方式來提升全域模型的解釋性和可解釋性。

4. 系統架構

與在消費裝置中進行聯邦學習計算不同，醫療機構設定了相對強大的運算資源和穩定、輸送量大的網路，並在節點之間共用更多的模型資訊。同理，聯邦學習的系統架構也帶來了新的技術進步要求，例如使用容錯節點來確保通訊時的資料完整性、設計安全的加密方法來防止資料洩露，以及設計適當的節點排程器來充分利用分散式運算裝置並減少閒置時間。

此外，模型訓練可以在某種「誠實的經紀人」系統中進行。在這種系統中，受信任的第三方充當中間人，方便存取資料。這種設定需要一個獨立的實體來控制整個系統，因為它可能包括額外的成本和程式黏性。但是，它的優點是可以將精確的內部機制從客戶端裝置中抽象出來，使系統更靈活、更新且更簡單。在點對點系統中，每個節點直接與部分或所有其他參與方進行互動。此外，在以不信任為基礎的系統結構中，平台營運方可以透過安全協定以密碼方式獲得信任但是這可能會引入額外的計算負擔。

聯邦學習是獲得強大、準確、安全、穩固和無偏訓練模型的技術，並能有效地解決醫療資料隱私相關的問題。在該框架下，機器學習方法能從接近真實、全域分佈的資料中推斷出普適規律，為數位醫療領域帶來創新。同樣，它可以開闢新的研究和商業途徑，如提升醫學圖型分析能力，為臨床醫生提供更好的診斷工具，搜索相似的患者從而實現真正的精確醫學，加快新藥物的發現速度，減少藥物的研發成本，縮短藥物的上市時間等。

10.4 聯邦學習在物聯網中的應用

10.4.1 物聯網與邊緣計算

物聯網的概念最早於 1995 年出現在比爾‧蓋茲的著作《未來之路》[106]中，並於 2005 年在國際電信聯盟（ITU）發佈的《ITU 網際網路報告2005：物聯網》中被正式提出。物聯網（Internet of Things，IoT）是指透過各種資訊傳感裝置和技術（舉例來說，射頻辨識、二維碼、智慧感測器等），對任意物理實體進行資訊擷取，並依據協定進行資訊互動及加工，從而定位辨識及監控管理這些物體的一種網路。目前，物聯網的發展及應用已覆蓋到很多領域，包括智慧城市、智慧家居、智慧交通、環境監測、可穿戴智慧裝置等。圖 10-4-1 為物聯網示意圖。

要想對物聯網終端擷取到的資料進行對應的分析及應用，就需要將資料上傳到雲端伺服器，利用雲端運算進行模型的訓練及迭代。但這種做法存在兩個主要缺陷：一是資料在上傳到雲端伺服器時可能會出現隱私洩露的問題，使用者的隱私安全得不到保障。二是資料在上傳到雲端伺服器的過程中會由於計算量、資料異質和網路訊號限制等問題造成延遲。邊緣計算的應用在一定程度上解決了資料傳輸中的延遲問題。邊緣計算，顧名思義，是發生在整個網路的邊緣，即接近物體或資料來源的計算過程（如圖 10-4-2 所示）。與雲端運算相比，邊緣計算將資料處理和計算的過程下沉到了物聯網終端裝置附近，利用資料來源到雲端伺服器之間的某些具備對應應用核心能力的平台就近提供給使用者運算服務。由於更接近資料來源，邊緣計算能夠更快地完成資料的處理和分析，同時減少網路流量限制帶來的影響，大大縮短了延遲時間。然而邊緣計算依舊需要將本地資料上傳到進行邊緣計算的平台，或最終上傳到雲端伺服器，因此並未解決物聯網環境中的資料隱私和資料安全問題。

圖 10-4-1 物聯網示意圖

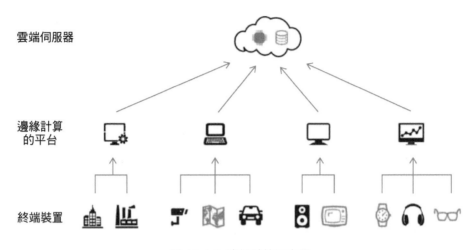

雲端伺服器

邊緣計算
的平台

終端裝置

圖 10-4-2 邊緣計算示意圖

10.4.2 人工智慧物聯網

隨著科技不斷發展和成熟，越來越多的人工智慧技術被應用到物聯網的建設中，誕生了人工智慧物聯網（AIoT）。以聯邦學習具有為基礎的隱私保護屬性，把聯邦學習引入物聯網將成為解決物聯網資料安全問題的一種有效途徑。聯邦學習提供的隱私保護協定允許各智慧終端機裝置在不向雲端伺服器傳輸本地資料的情況下共同完成機器學習模型的訓練和迭代。在聯邦學習場景中，各智慧終端機裝置只需在本地完成模型的更新並向雲端伺服器提交各自的模型梯度而非本地資料，有效地保護了使用者的隱私和資料安全。同時，在聯邦學習場景中，每一個終端裝置都能擁有一個以本地資料為基礎的自有模型，模型計算結果將更接近每個使用者的實際需求。以智慧家居為例，智慧家居系統記錄了大量的家庭起居資料，包括進出時間、生活習慣、談話內容、人臉資訊及指紋等隱私資料。對使用者來説，這些資料在上傳到雲端伺服器的過程中如果發生洩露，那麼第三方可能會掌握他的行動軌跡或生物辨識資訊，從而給他的人身及財產安全帶來隱憂。透過聯邦學習結合邊緣計算，智慧家居系統可以在本地的智慧終端機平台上收集和整理各智慧家居裝置上傳的資料，完成所有模型的迭代，並將模型更新後的梯度上傳至雲端伺服器。這樣既保證了快速回應的需求，又保護了使用者的隱私安全。

2015 年 11 月，特斯聯科技集團有限公司（簡稱為特斯聯）正式成立，全面佈局「物聯網+」。隨著人工智慧（AI）及物聯網技術的不斷發展，特斯聯將邊緣計算等人工智慧演算法融入物聯網技術，利用 AIoT 賦能傳統產業，以人工智慧+物聯網技術打造智慧城市（AI City）。特斯聯的 AIoT 技術成熟，產品包括智慧終端機裝置、邊緣計算裝置、AIoT 平台等，充分實現了人工智慧+物聯網的基礎佈局。特斯聯官網宣稱，聯邦學習技術的應用能夠進一步提升智慧物聯網產品對使用者隱私安全資料的保護能力，助力打造更「安全」的智慧城市。

10.4.3 研究現狀與挑戰

聯邦學習在物聯網領域的應用前景十分廣闊，但同時傳統的聯邦學習技術在物聯網領域的部署還面臨著重重挑戰。在技術方面，要想在本地的邊緣計算終端裝置上實現聯邦學習，那麼要求終端裝置具有足夠強大的運算能力，以應對複雜模型的建立和更新迭代帶來的大量計算。同時，也需要對傳統的分散式架構進行重新設計，以解決物聯網中計算裝置的異質問題。在演算法方面，如何提升聯邦學習演算法的效率及如何在聯邦學習場景處理物聯網環境中複雜的異質資料也都是亟待解決的問題。目前，圍繞著物聯網環境的資料異質情況，各國科學家展開了對新興的個性化聯邦學習演算法的研究[107,108]，例如聯邦知識蒸餾（Federated Distillation）、聯邦元學習（Federated Meta Learning）、聯邦多工學習（Federated Multi-task Learning）等[38]，用以替代傳統的聯邦學習演算法。相信隨著對人工智慧及物聯網領域的研究不斷深入和硬體裝置不斷改朝換代，這些難題終將迎刃而解。

10.4 聯邦學習在物聯網中的應用

RSA 公開金鑰加密演算法

公開金鑰加密演算法是指由對應的一對唯一性金鑰（即公開金鑰和私密金鑰）組成的加密方法。RSA 公開金鑰加密演算法[109]於 1977 年由羅奈爾得·李維斯特（Ron Rivest）、阿迪·薩摩爾（Adi Shamir）和倫納德·阿德曼（Leonard Adleman）一起提出，是目前使用得較廣泛的公開金鑰加密演算法之一。

1. RSA 公開金鑰加密演算法的加密過程

（1） 生成公開金鑰 n 。任意選取質數 p 、q ，計算 $n = pq$ 。計算尤拉函數 $\varphi(n) = (p-1)(q-1)$ ，選取公開金鑰 e ，使 e 與 $\varphi(n)$ 互質，且 $1 < e < \varphi(n)$ 。

（2） 計算私密金鑰 d 。使 $de \equiv 1 \bmod \varphi(n)$ 。

（3） 使用公開金鑰對明文 M 加密。 $C \equiv M^e \bmod n$ 。

（4） 使用私密金鑰對加密 C 解密。 $M \equiv C^d \bmod n$ 。

2. RSA 公開金鑰加密演算法的加密原理

下面介紹實現 RSA 公開金鑰加密演算法用到的背景知識。

（1） 互質關係。如果兩個正整數沒有除了 1 以外的公因數，那麼這兩個數組成互質關係。

（2） 尤拉函數。尤拉函數是指指定任意正整數 n，在小於等於 n 的正整數之中，與 n 組成互質關係的數的個數，用 $\varphi(n)$ 表示。

（3） 尤拉定理。如果兩個正整數 a 和 n 互質，那麼 $a^{\varphi(n)} \equiv 1 \bmod n$。

（4） 模反元素。如果兩個正整數 a 和 n 互質，那麼一定有正整數 b，使 $ab \equiv 1 \bmod n$，此時 b 稱為 a 的模反元素。

RSA 公開金鑰加密演算法的加密過程不難瞭解，下面證明它的私密金鑰解密過程 $M \equiv C^d \bmod n$。

證明如下：
由 $C \equiv M^e \bmod n$，
故 C 可以表示為

$$C \equiv M^e - kn$$

k 為某一整數，求證 $M \equiv C^d \bmod n$，即求證

$$(M^e - kn)^d \equiv M \bmod n$$

只需證明 $M^{ed} \equiv M \bmod n$。

因為 $ed = 1 \bmod \varphi(n)$，所以

$$ed = h\varphi(n) + 1$$

h 為某一整數，代入上式，即證明

$$M^{h\varphi(n)+1} \equiv M \bmod n$$

（1）當 m 與 n 互質時，

由尤拉定理 $M^{\varphi(n)} \equiv 1 \bmod n$ ，

故 $(M^{\varphi(n)})^h \times M \equiv M \bmod n$ 得證。

（2）當 m 與 n 不互質時，

因為 $n = pq$ ，所以不妨令 $M = kp$ ，因為 q 是質數，所以 k 與 q 互質，

由尤拉定理 $(kp)^{q-1} \equiv 1 \bmod q$ ，

故 $((kp)^{q-1})^{h(p-1)} \times kp \equiv kp \bmod q$ ，

即

$$(kp)^{ed} \equiv kp \bmod q$$

故 $(kp)^{ed}$ 可以表示為

$$(kp)^{ed} = hq + kp$$

因為 p、q 是質數，所以 $h = h'p$ ，

h' 為某一整數，則 $(kp)^{ed} = h'pq + kp$ 。

因為 $n = pq$ ， $M = kp$ ，所以上式可以化簡為

$$M^{ed} = h'n + m$$

故 $M^{ed} \equiv M \bmod n$ 得證。

附錄

Paillier 半同態加密演算法

Paillier 加密系統[70,109]，是 1999 年由 Pascal Paillier 提出的一種以合數冪剩餘類問題為基礎的機率公開金鑰加密系統。根據其明文的計算在指數上這一特點，Paillier 半同態加密演算法具有很好的加法同態和數乘同態特性，在需要加密加法運算的應用場合極具競爭力。

1. Paillier 密碼系統

1）以合數冪剩餘類問題為基礎的機率加密方案

定義以下記號：

集合 $\{[0],[1],\cdots,[n-1]\}$ 組成一個模 n 的剩餘類環，記 $Z_n = \{0,1,\cdots,n-1\}$。

Z_n 中所有可逆元素的模 n 同餘類組成的群，記 $Z_n^* = \{0 < a < n,(a,n) = 1\}$，例如 $Z_8^* = \{[1],[3],[5],[7]\}$。

gcd:最大公約數，lcm：最小公倍數。

附錄

（1）金鑰生成。

① 選取兩個大質數 p 和 q，保證 $\gcd\left(pq,(p-1)(q-1)\right)=1$。

② 計算 $n=pq$，$\lambda=\mathrm{lcm}\left(p-1,q-1\right)$。

③ 選取 $g\in Z_{n^2}^{*}$，滿足 $\gcd\left(L\left(g^{\lambda}\bmod n^2\right),n\right)=1$，其中 $L(x)=\dfrac{x-1}{n}$。

④ 生成公開金鑰 (n,g)。

⑤ 生成私密金鑰 (p,q)（或 λ）。

（2）加密過程。

① 建立明文訊息 $m\in Z_n$。

② 隨機選取 $r\in Z_{n^2}^{*}$。

③ 計算加密訊息 $c\equiv g^m\cdot r^n\bmod n^2$。

（3）解密過程。

① 指定加密訊息 $c\in Z_{n^2}^{*}$。

② 計算明文訊息 $m\equiv\dfrac{L\left(c^{\lambda}\bmod n^2\right)}{L\left(g^{\lambda}\bmod n^2\right)}\bmod n$。

2）以合數冪剩餘類問題為基礎的單向陷門置換

（1）金鑰生成。

同以合數冪剩餘類問題為基礎的機率加密方案的金鑰生成過程。

（2）加密過程。

① 建立明文訊息 $m\in Z_{n^2}$，滿足 $m=m_1+n\cdot m_2$，其中 $m_1\in Z_n$，$m_2\in Z_n^{*}$。

② 計算加密訊息 $c\equiv g^{m_1}\cdot m_2^{\,n}\bmod n^2$。

（3）解密過程。

① 指定加密訊息 $c \in Z_{n^2}^*$。

② 計算 $m_1 \equiv \dfrac{L\left(c^\lambda \bmod n^2\right)}{L\left(g^\lambda \bmod n^2\right)} \bmod n$。

③ 構造 $c' \equiv c \cdot g^{-m_1} \bmod n$。

④ 計算 $m_2 \equiv \left(c'\right)^{n^{-1} \bmod \lambda} \bmod n$。

⑤ 計算明文訊息 $m = m_1 + n \cdot m_2$。

2. Paillier 加密/解密演算法原理

Paillier 密碼系統主要運用了合數冪剩餘類問題相關的定理和推論，下面介紹用到的相關知識和理論。

設 $n = pq$，其中 p 和 q 為兩個大質數，則尤拉函數 $\varphi(n) = (p-1)(q-1)$，Carmichael 函數 $\lambda(n) = \mathrm{lcm}(p-1, q-1)$，$\left|Z_{n^2}^*\right| = \varphi\left(n^2\right) = n\varphi(n)$，根據 Carmichael 理論有以下結論。

對於 $\forall \omega \in Z_{n^2}^*$，有

$$\begin{cases} \omega^\lambda \equiv 1 \bmod n \\ \omega^{\lambda n} \equiv 1 \bmod n^2 \end{cases}$$

定義 2-1 對於 $z \in Z_{n^2}^*$，如果存在 $y \in Z_{n^2}^*$，使得 $z \equiv y^n \bmod n^2$，則 z 叫模 n^2 的 n 次剩餘。

引理 2-1

（1）n 次剩餘組成的集合 C 是 $Z_{n^2}^*$ 的階為 $\varphi(n)$ 的乘法子群，且每一個 n 次剩餘 z 都有 n 個根，其中只有一個嚴格小於 n。

附錄

（2）單位 1 的 n 次剩餘根為 $(1+n)^t \equiv 1+tn \bmod n^2 \ (t=0,1,\cdots,n-1)$。

（3）對 $\forall \omega \in Z_{n^2}^*$，$\omega^{\lambda n} \equiv 1 \bmod n^2$。

證明：

（1）設 $z_1, z_2 \in C$，則存在 $y_1, y_2 \in Z_{n^2}^*$，使得 $z_1 \equiv y_1^n \bmod n^2$，$z_2 \equiv y_2^n \bmod n^2$。因為 $y_2^{-1} \in Z_{n^2}^*$，所以 $y_1 y_2^{-1} \in Z_{n^2}^*$，$z_1 z_2^{-1} \equiv (y_1 y_2^{-1})^n \bmod n^2 \in C$，$C$ 是 $Z_{n^2}^*$ 的子群。又設 $y(y<n)$ 是 $z \equiv y^n \bmod n^2$ 的解，則

$$(y+tn)^n = y^n + y^{n-1}tn^2 + \cdots \equiv y^n \bmod n^2 \equiv z \, (\text{其中，} \ t=0,1,\cdots,n-1)$$

因此 $y+tn\,(t=0,1,\cdots,n-1)$ 都是 $z \equiv y^n \bmod n^2$ 的解，所以 C 中每一個元素都有 n 個根，即

$$|C| = \frac{1}{n}\left|Z_{n^2}^*\right| = \frac{n\varphi(n)}{n} = \varphi(n)$$

（2）易證 $(1+tn)^n = 1+tn^2 + \cdots \equiv 1 \bmod n^2$。

（3）因為 $\omega^\lambda \equiv 1 \bmod n$，所以 $\omega^\lambda = 1+tn$，t 為某個整數。

$$\omega^{n\lambda} = (1+tn)^n \equiv 1 \bmod n^2$$

（引理 2-1 證畢）

設 $g \in Z_{n^2}^*$，定義 ε_g 為以下整數值函數

$$\begin{cases} Z_n \times Z_n^* \mapsto Z_{n^2}^* \\ (x,y) \mapsto g^x y^n \bmod n^2 \end{cases}$$

引理 2-2 如果 g 的階是 n 的非零倍，則 ε_g 是雙射的。

證明：

因為 $\left| Z_n \times Z_n^* \right| = n\varphi(n) = \left| Z_{n^2}^* \right|$ ，所以 ε_g 是滿射當且僅當 ε_g 是單射的，因此只需證明 ε_g 是單射的。

假設 $g^{x_1} y_1^{\,n} \equiv g^{x_2} y_2^{\,n} \bmod n^2$ ，那麼 $g^{x_2-x_1} \cdot \left(\dfrac{y_2}{y_1} \right)^n \equiv 1 \bmod n^2$ ，兩邊同時取 λ 次方得

$$g^{\lambda(x_2-x_1)} \cdot \left(\frac{y_2}{y_1} \right)^{\lambda n} \equiv 1 \bmod n^2$$

因為 $\dfrac{y_2}{y_1} \in Z_{n^2}^*$ ，由引理 2-1(3)得

$$\left(\frac{y_2}{y_1} \right)^{\lambda n} \equiv 1 \bmod n^2$$

可得

$$g^{\lambda(x_2-x_1)} \equiv 1 \bmod n^2$$

因此有 $\mathrm{ord}_{n^2} g \,\big|\, \lambda(x_2-x_1)$ ，因為 g 的階是 n 的非零倍，進而有 $n \,\big|\, \lambda(x_2-x_1)$ ，又知 $\gcd(\lambda, n) = 1$ ，所以 $n \,|\, x_2 - x_1$ 。又由於 $x_1, x_2 \in Z_n$ ，則有 $|x_2 - x_1| < n$ ，所以 $x_1 = x_2$ 。

$g^{x_2-x_1} \cdot \left(\dfrac{y_2}{y_1} \right)^n \equiv 1 \bmod n^2$ 可簡化為 $\left(\dfrac{y_2}{y_1} \right)^n \equiv 1 \bmod n^2$ ，由引理 2-1(2)可知，模 n^2 下的單位的根在 Z_n^* 上是唯一的，且為 1，所以可得 $\dfrac{y_2}{y_1} = 1$ ，即 $y_1 = y_2$ 。

綜上所述，ε_g 是雙射的。

（引理 2-2 證畢）

設 $B_a \subset Z_{n^2}^*$ 表示階為 na 的元素組成的集合，B 表示 B_a 的聯集，其中 $a = 1, 2, \cdots, \lambda$。

定義 2-2 設 $g \in B$，對於 $\omega \in Z_{n^2}^*$，如果存在 $y \in Z_n^*$ 使得 $\varepsilon_g(x, y) = \omega$，那麼稱 $x \in Z_n$ 為 ω 關於 g 的 n 次剩餘，記作 $\left[\left[\omega\right]\right]_g$。

引理 2-3

（1）$\left[\left[\omega\right]\right]_g = 0$ 當且僅當 ω 是模 n^2 的 n 次剩餘。

（2）對於 $\forall \omega_1, \omega_2 \in Z_{n^2}^*$，有 $\left[\left[\omega_1 \omega_2\right]\right]_g \equiv \left[\left[\omega_1\right]\right]_g \left[\left[\omega_2\right]\right]_g \bmod n$。即對於 $\forall g \in B$，函數 $\omega \mapsto \left[\left[\omega\right]\right]_g$ 是從 $\left(Z_{n^2}^*, \times\right)$ 到 $(Z_n, +)$ 的同態。

證明：

（1）顯然，證明略。

（2）因為 $\omega_1 \equiv g^{\left[\left[\omega_1\right]\right]_g} r_1^n \bmod n^2$，$\omega_2 \equiv g^{\left[\left[\omega_2\right]\right]_g} r_2^n \bmod n^2$，可得

$$\omega_1 \omega_2 \equiv g^{\left[\left[\omega_1\right]\right]_g \left[\left[\omega_2\right]\right]_g} \left(r_1 r_2\right)^n \bmod n^2$$

所以 $\left[\left[\omega_1 \omega_2\right]\right]_g \equiv \left[\left[\omega_1\right]\right]_g \left[\left[\omega_2\right]\right]_g \bmod n$。

（引理 2-3 證畢）

已知 $\omega \in Z_{n^2}^*$，求 $\left[\left[\omega\right]\right]_g$，稱為基為 g 的 n 次剩餘類問題，表示為 $\text{Class}[n, g]$。

引理 2-4 $\text{Class}[n, g]$ 關於 $\omega \in Z_{n^2}^*$ 是隨機自精簡的。

證明： 對於 $\text{Class}[n, g]$ 的任一實例 $\omega \in Z_{n^2}^*$，在 Z_n 上均勻隨機選取 α、β（$\beta \notin Z_n^*$ 的機率忽略不計），構造 $\omega' \equiv \omega g^\alpha \beta^n \bmod n^2$，可得

$$\omega' \equiv g^{\left[\left[\omega\right]\right]_g + \alpha} \left(r\beta\right)^n \bmod n^2$$

$$\left[\left[\omega\right]\right]_g = \left[\left[\omega'\right]\right]_g - \alpha \bmod n$$

（引理 2-4 證畢）

引理 2-5 $\mathrm{Class}[n,g]$ 關於 $g \in B$ 是隨機自精簡的，即對於 $\forall g_1, g_2 \in B$，$\mathrm{Class}[n,g_1] \equiv \mathrm{Class}[n,g_2]$。其中，符號 $P_1 \equiv P_2$ 表示問題 P_1 和 P_2 在多項式時間內等值。

證明：

已知 $\omega \in Z_{n^2}^*$，$g \in B$，存在 $y_1 \in Z_n^*$，使得 $\omega \equiv g_2^{\left[\left[\omega\right]\right]_{g_2}} y_1^n \bmod n^2$。同理，對於 $g_1, g_2 \in B$，存在 $y_2 \in Z_n^*$，使得 $g_2 \equiv g_1^{\left[\left[g_2\right]\right]_{g_1}} y_2^n \bmod n^2$，可得

$$\omega \equiv \left(g_1^{\left[\left[g_2\right]\right]_{g_1}} y_2^n\right)^{\left[\left[\omega\right]\right]_{g_2}} y_1^n \bmod n^2$$

$$\omega \equiv g_1^{\left[\left[g_2\right]\right]_{g_1}\left[\left[\omega\right]\right]_{g_2}} \left(y_2^{\left[\left[\omega\right]\right]_{g_2}} y_1\right)^n \bmod n^2$$

$$\left[\left[\omega\right]\right]_{g_1} \equiv \left[\left[\omega\right]\right]_{g_2} \left[\left[g_2\right]\right]_{g_1} \bmod n$$

即由 $\left[\left[\omega\right]\right]_{g_2}$ 可求 $\left[\left[\omega\right]\right]_{g_1}$，所以 $\mathrm{Class}[n,g_1] \Leftarrow \mathrm{Class}[n,g_2]$。

因為 $\varepsilon_{g_1}(1,1) = g_1$，可知 $\left[\left[g_1\right]\right]_{g_1} = 1$，將 $\omega = g_1$ 代入 $\left[\left[\omega\right]\right]_{g_1} \equiv \left[\left[\omega\right]\right]_{g_2} \left[\left[g_2\right]\right]_{g_1} \bmod n$，

得 $\left[\left[g_1\right]\right]_{g_2} \left[\left[g_2\right]\right]_{g_1} \equiv 1 \bmod n$，即 $\left[\left[g_1\right]\right]_{g_2} = \left[\left[g_2\right]\right]_{g_1}^{-1}$，所以 $\left[\left[\omega\right]\right]_{g_2} \equiv \left[\left[\omega\right]\right]_{g_1} \left[\left[g_1\right]\right]_{g_2} \bmod n$，

即由 $\left[\left[\omega\right]\right]_{g_1}$ 可求 $\left[\left[\omega\right]\right]_{g_2}$，所以 $\mathrm{Class}[n,g_2] \Leftarrow \mathrm{Class}[n,g_1]$。

（引理 2-5 證畢）

由引理 2-5 可知，$\text{Class}[n,g]$ 的複雜性與 g 無關，因此可以將它看成僅依賴於 n 的計算問題。

定義 2-3　已知 $\omega \in Z_{n^2}^*$，$g \in B$，計算 $\left[\left[\omega\right]\right]_g$，這稱為計算合數冪剩餘類問題，表示為 $\text{Class}[n]$。

設 $S_n = \left\{u < n^2 \,\middle|\, u \equiv 1 \bmod n\right\}$，在其上定義函數 L 如下

$$\forall u \in S_n, L(u) = \frac{u-1}{n}$$

顯然函數 L 是良定的。

引理 2-6　對於 $\forall \omega \in Z_{n^2}^*$，$L\left(\omega^\lambda \bmod n^2\right) \equiv \lambda \left[\left[\omega\right]\right]_{1+n} \bmod n$。

證明：

因為 $1+n \in B$，所以存在唯一的 $(a,b) \in Z_n \times Z_n^*$，使得 $\omega \equiv (1+n)^a\, b^n \bmod n^2$，即 $a = \left[\left[\omega\right]\right]_{1+n}$。由引理 2-1(3)可知 $b^{n\lambda} \equiv 1 \bmod n^2$，可得

$$\omega^\lambda = (1+n)^{a\lambda}\, b^{n\lambda} \equiv 1 + an\lambda \bmod n^2$$
$$L\left(\omega^\lambda \bmod n^2\right) = L\left(1 + an\lambda \bmod n^2\right) = \frac{1 + an\lambda - 1}{n} = a\lambda \equiv \lambda \left[\left[\omega\right]\right]_{1+n} \bmod n$$

（引理 2-6 證畢）

定理 2-1　$\text{Class}[n] \Leftarrow \text{Fact}[n]$。

證明：

因為 $\left[\left[g\right]\right]_{1+n} \equiv \left[\left[1+n\right]\right]_g^{-1} \bmod n$ 是可逆的，所以由引理 2-6 可知 $L\left(\omega^\lambda \bmod n^2\right) \equiv \lambda \left[\left[\omega\right]\right]_{1+n} \bmod n$ 可逆。已知 n 的因式分解，可求 λ 的值，因此，對於 $\forall g \in B$，$\omega \in Z_{n^2}^*$，可以計算

$$\frac{L\left(\omega^{\lambda} \bmod n^{2}\right)}{L\left(g^{\lambda} \bmod n^{2}\right)} = \frac{\lambda\big[[\omega]\big]_{1+n}}{\lambda\big[[g]\big]_{1+n}} = \frac{\big[[\omega]\big]_{1+n}}{\big[[g]\big]_{1+n}} = \big[[\omega]\big]_{1+n}\big[[1+n]\big]_{g} \equiv \big[[\omega]\big]_{g} \bmod n$$

（定理 2-1 證畢）

已知 $\omega \equiv y^{e} \bmod n$ ，求 y ，這稱為求模 n 的 e 次根，表示為 $\mathrm{RSA}[n,e]$ 。

定理 2-2 $\quad \mathrm{Class}[n] \Leftarrow \mathrm{RSA}[n,n]$ 。

證明：

由引理 2-5 可知，$\mathrm{Class}[n,g]$ 關於 $g \in B$ 是隨機自精簡的，且 $1+n \in B$ ，因此只需要證明 $\mathrm{Class}[n,1+n] \Leftarrow \mathrm{RSA}[n,n]$ 。

對 於 指 定 的 $\omega \in Z_{n^{2}}^{*}$ ， 存 在 $x \in Z_{n}$ ， 使 得 $\omega \equiv (1+n)^{x}\,y^{n} \bmod n^{2}$ 。 因 為 $(1+n)^{x} \equiv 1 \bmod n$ ， $\omega \equiv y^{n} \bmod n$ ，假如可求出 y ，進一步可以求出 x 。

$$\frac{\omega}{y^{n}} = (1+n)^{x} \equiv 1 + xn \bmod n^{2}$$

（定理 2-2 證畢）

猜想：

不存在求解合數冪剩餘類問題的機率多項式時間演算法，即 $\mathrm{Class}[n]$ 是困難的。

這 一 猜 想 稱 為 計 算 合 數 冪 剩 餘 類 假 設 （ Computational Composite Residuosity Assumption，CCRA）。它的隨機自精簡性表示 CCRA 的有效性僅依賴於 n 的選擇。

3. Paillier 加密/解密演算法的特性

Paillier 加密/解密系統除了具有隨機自精簡性，還有加法同態性和重加密兩個特性。

1）加法同態性

加密函數 ε_g 具有加法同態性，即對於 $\forall m_1, m_2 \in Z_n$，$\forall k \in N$，以下等式成立

$$D\left(E(m_1)E(m_2)\bmod n^2\right) = m_1 + m_2 \bmod n$$

$$D\left(E(m)^k \bmod n^2\right) = km \bmod n$$

$$D\left(E(m_1)g^{m_2} \bmod n^2\right) = m_1 + m_2 \bmod n$$

$$\left.\begin{array}{l} D\left(E(m_1)^{m_2} \bmod n^2\right) \\ D\left(E(m_2)^{m_1} \bmod n^2\right) \end{array}\right\} = m_1 m_2 \bmod n$$

這些性質在電子選舉、門限加密方案、數字浮水印、秘密共用方案及安全的多方計算等領域有重要應用。

2）重加密

已知一個公開金鑰加密方案 (E,D)，重加密 RE（re-encryption）是指已知 (E,D) 的加密 c，在不改變 c 對應的明文的前提下，將 c 變為另一個加密 c'，表示為 $c' = \text{RE}(c, r, \text{pk})$，其中 pk 為公開金鑰，$r$ 為隨機數。

Paillier 密碼系統滿足以下性質，即

$$\text{對於} \forall m \in Z_n, \ \forall r \in N, \ E(m) = E(m)E(0) \equiv E(m)r^n \bmod n^2$$

因此

$$D\left(E(m)r^n \bmod n^2\right) \equiv m$$

安全多方計算的
SPDZ 協定

SPDZ 協定[110~112]（以該協定提出者 Nigel P. Smart、Valerio Pastro、Ivan Damgård、Sarah Zakarias 的姓氏字首命名）是一種以些許同態加密框架為基礎的安全多方計算協定。該協定也是聯邦學習平台底層安全計算的支撐技術之一，支持解決安全多方計算問題。目前，該協定已經在開放原始碼專案 FATE（Federated AI Technology Enabler）中實現並應用。特別地，在此專案中的 SPDZ 協定加入了異質特徵相關演算法，支援異質皮爾遜相關係數的計算。

SPDZ 協定的執行過程分為兩個階段，即離線前置處理階段和線上運行階段。

首先，約定以下符號含義：

$x \leftarrow S$，表示在集合 S 上均勻分佈的變數值。

$x \leftarrow s$，表示 $x \leftarrow \{s\}$ 的簡寫形式，其中 s 為一個數值。

$x \leftarrow A$，表示經過演算法 A 計算輸出的值。

$\llbracket \cdot \rrbracket$ 表示明文，經過加密演算法加密後得到的加密。

$\langle \cdot \rangle$ 表示秘密，已經透過秘密分享方法進行了分享。

$\epsilon(\kappa)$ 表示一個關於 κ 的不定極小函數。

接下來，簡要說明 SPDZ 協定的離線前置處理階段的基本框架。該階段主要使用些許同態加密框架[113]對明文進行加密，對加密後得到的加密再利用秘密分享的方法進行秘密的分發。同時，採用零知識證明協定[111,114]以減少惡意敵手產生的雜訊干擾，最終生成安全乘法計算所需要的隨機數值、隨機數值對、乘法三元組[115]。

1. 離線前置處理階段

初始化：生成全域公開金鑰 α 和參與方各自的私密金鑰 β_i。

（1）各參與方透過函數集合 $\mathcal{F}_{\text{KEYGENDEC}}$ 中的金鑰生成函數獲取公開金鑰 pk，其中 $\mathcal{F}_{\text{KEYGENDEC}}$ 為些許同態加密框架的金鑰生成函數、解密函數等組成的函數集合。

（2）每個參與方 P_i 生成各自的訊息認證碼私密金鑰 MAC-key $\beta_i \in \mathbb{F}_{p^k}$，其中 $\mathbb{F}_{p^k}$ 為有限域，p 為質數。

（3）每個參與方 P_i 生成 $\alpha_i \in \mathbb{F}_{p^k}$，使 $\alpha := \sum_{i=1}^{n} \alpha_i$。

（4）每個參與方 P_i 計算並廣播 $e_{\alpha_i} \leftarrow \text{Enc}_{\text{pk}}\left(\text{Diag}(\alpha_i)\right), e_{\beta_i} \leftarrow \text{Enc}_{\text{pk}}\left(\text{Diag}(\beta_i)\right)$，其中 Enc 為加密函數，Diag 為診斷函數。

（5）每個參與方引用零知識證明，零知識證明記為 Π_{ZKPoPK}，證明向量 $(e_{\alpha_i}, \cdots, e_{\alpha_i})$ 和 $(e_{\beta_i}, \cdots, e_{\beta_i})$ 的資訊安全性，其中向量的長度由零知識證明的要求決定。

（6）所有參與方計算 $e_\alpha \leftarrow e_{\alpha_1} \oplus \cdots \oplus e_{\alpha_n}$，即在加密空間中做加法運算，並生成 $\mathrm{Diag}(\alpha) \leftarrow \mathrm{PBracket}\left(\mathrm{Diag}(\alpha_1), \cdots, \mathrm{Diag}(\alpha_n), e_\alpha\right)$，其中 $\mathrm{PBracket}()$ 表示生成加密的加密子協定。

生成隨機數值對：這個步驟會生成隨機數值對（$[\![r]\!], \langle r \rangle$），也可以只用來生成單一隨機數值 $[\![r]\!]$。

（1）每個參與方 P_i 在明文空間中生成 $r_i \in (\mathbb{F}_{p^k})^s$，使 $r := \sum_{i=1}^{n} r_i$。

（2）每個參與方 P_i 計算 $e_{r_i} \leftarrow \mathrm{Enc}_{\mathrm{pk}}(r_i)$ 並廣播，滿足 $e_r = e_{r_1} \oplus \cdots \oplus e_{r_n}$。

（3）每個參與方 P_i 引用零知識證明 Π_{ZKPoPK}，與初始化步驟中類似，證明生成加密的安全性。

（4）所有參與方生成 $[\![r]\!] \leftarrow \mathrm{PBracket}\left(r_1, \cdots, r_n, e_r\right), \langle r \rangle \leftarrow \mathrm{PAngle}\left(r_1, \cdots, r_n, e_r\right)$，其中，$\mathrm{PAngle}()$ 表示秘密分享的子協定。

生成乘法三元組：

（1）每個參與方從明文空間中生成 $a_i, b_i \in (\mathbb{F}_{p^k})^s$，使 $a := \sum_{i=1}^{n} a_i$，$b := \sum_{i=1}^{n} b_i$。

（2）每個參與方計算並廣播 $e_{a_i} \leftarrow \mathrm{Enc}_{\mathrm{pk}}(a_i), e_{b_i} \leftarrow \mathrm{Enc}_{\mathrm{pk}}(b_i)$。

（3）每個參與方引用零知識證明 Π_{ZKPoPK}，與初始化步驟中類似，證明生成加密的安全性。

（4）所有參與方計算 $e_a \leftarrow e_{a_1} \oplus \cdots \oplus e_{a_n}$ 和 $e_b \leftarrow e_{b_1} \oplus \cdots \oplus e_{b_n}$。

（5）所有參與方生成 $\langle a \rangle \leftarrow \mathrm{PAngle}\left(a_1, \cdots, a_n, e_a\right), \langle b \rangle \leftarrow \mathrm{PAngle}\left(b_1, \cdots, b_n, e_b\right)$。

（6）所有參與方計算 $e_c \leftarrow e_a \otimes e_b$，其中 $\otimes$ 表示在加密空間中的乘法運算。

（7）所有參與方設定 $(c_1,\cdots,c_n,e'_c) \leftarrow \text{Reshare}(e_c,\text{NewCiphertext})$，其中 Reshare() 表示具有線性可加性的秘密分享機制。

（8）所有參與方生成 $\langle c \rangle \leftarrow \text{PAngle}(c_1,\cdots,c_n,e'_c)$。

最後，簡要說明線上運行階段的基本框架。該階段主要利用離線前置處理階段所生成乘法三元組、隨機數值對等元件，完成安全多方計算。

2. 線上運行階段

初始化：各參與方選取離線前置處理階段所生成的且已經被秘密分享的金鑰 $[\![\alpha]\!]$、一定數量的乘法三元組 $(\langle a \rangle, \langle b \rangle, \langle c \rangle)$、隨機數值對 $(\langle r \rangle, [\![r]\!])$，以及隨機數值 $[\![t]\!]$ 和 $[\![e]\!]$。

輸入：為分享參與方 P_i 的輸入 x_i，參與方 P_i 首先選取有效的隨機數值對 $(\langle r \rangle, [\![r]\!])$，按照以下步驟操作：

（1）$[\![r]\!]$ 對參與方 P_i 公開（此步驟實際上可在離線前置處理階段完成）。

（2）參與方 P_i 廣播 $\epsilon \leftarrow x_i - r$。

（3）各參與方計算 $x_i \leftarrow \langle r \rangle + \epsilon$。

加法運算：不失一般性，可只考慮兩個輸入 $\langle x \rangle$、$\langle y \rangle$ 的安全加法，各參與方本地計算 $\langle x \rangle + \langle y \rangle$ 即可實現。

乘法運算：不失一般性，考慮兩個輸入 $\langle x \rangle$、$\langle y \rangle$ 的安全乘法，各參與方按照以下步驟進行運算：

（1）選取兩組乘法三元組 $\left(\left(\langle a\rangle,\langle b\rangle,\langle c\rangle\right),\left(\langle f\rangle,\langle g\rangle,\langle h\rangle\right)\right)$ 來確保 $c = a \cdot b$ 成立，按照以下步驟驗證等式是否成立。

① 公開隨機數值 $[\![t]\!]$。
② 計算 $t \cdot \langle a\rangle - \langle f\rangle$ 和 $\langle b\rangle - \langle g\rangle$ 並公開結果得到 ρ 和 σ。
③ 計算 $t \cdot \langle c\rangle - \langle h\rangle - \sigma \cdot \langle f\rangle - \rho \cdot \langle g\rangle - \sigma \cdot \rho$ 並公開結果。
④ 若結果非零，則驗證通過，否則重新選擇乘法三元組。

（2）各參與方計算 $\epsilon := \langle x\rangle - \langle a\rangle$ 和 $\delta := \langle y\rangle - \langle b\rangle$ 並公開，利用公開結果計算 $\langle z\rangle \leftarrow \langle c\rangle + \epsilon\langle b\rangle + \delta\langle a\rangle + \epsilon\delta$。

輸出：設最終的輸出值為 u，此時輸出值已經相當於透過秘密分享的方法被分割為多個子秘密，記為 $\langle u\rangle$，每個參與方都擁有一個子秘密。下面按照秘密分享的恢復方法將輸出值恢復、驗證並公開。

（1）設 $(a_1, \cdots, a_T)$ 為已公開的值，其中 $\langle a_j\rangle = \left(\delta_j, (a_{j,1}, \cdots, a_{j,n}), \left(\gamma(a_j)_1, \cdots, \gamma(a_j)_n\right)\right)$，此時公開隨機數值 $[\![e]\!]$，各參與方設定 $e_i = e^i$，所有參與方共同計算 $a \leftarrow \sum_j e_j a_j$。

（2）參與方 P_i 呼叫函數 $\mathcal{F}_{\text{COM}}$ 計算 $\gamma_i \leftarrow \sum_j \gamma(a_j)_i$ 並提交結果，同時參與方 P_i 也提交子秘密 u_i 和對應的訊息認證碼的 $\gamma(u_i)$ 值。其中，$\mathcal{F}_{\text{COM}}$ 為約定函數，其接收並儲存各參與方提交的結果。

（3）公開 $[\![\alpha]\!]$。

（4）每個參與方 P_i 呼叫函數 $\mathcal{F}_{\text{COM}}$ 公開 γ_i，所有參與方驗證 $\alpha\left(a + \sum_j e_j \delta_j\right) = \sum_j \gamma_j$ 是否成立。若成立，則可繼續運算獲得正確的輸出結果，否則終止協定。

（5）各參與方約定公開 u_i 和 $\gamma(u_i)$，透過秘密分享的恢復函數恢復輸出值 $u := \sum_i u_i$，同時各參與方驗證 $\alpha(u + \delta) = \sum_i \gamma(u)_i$，若驗證通過，則恢復的 u 為正確的輸出值，否則不是，說明過多參與方為惡意敵手或被惡意敵手所操控。

[1]   MCMAHAN H B, MOORE E, RAMAGE D, et al. Federated Learning of
      Deep Networks using Model Averaging[A/OL]. arXiv.org(2016-02-17).

[2]   YANG Q, LIU Y, CHEN T J, et al. Federated Machine Learning:
      Concept and Applications[J]. ACM Transactions on Intelligent
      Systems & Technology. 2019, 10(2): 1-19.

[3]   RIVEST R L, ADLEMAN L, DERTOUZOS M L. On data banks and
      privacy homomorphisms[J]. Foundation of Secure Computations.
      1978(4): 169-180.

[4]   YAO A C. Protocols for secure computation[C]. Proceedings of the
      23rd Annual Symposium on Foundations of Computer Science (sfcs
      1982). New Jersey: IEEE, 1982: 160-164.

[5]   AGRAWAL R, SRIKANT R. Privacy-preserving data mining[C].
      Proceedings of the 2000 ACM SIGMOD international conference on
      Management of data. Berlin: Springer Publishing Company, 2000:
      439-450.

[6]   VAIDYA J, YU H, JIANG X Q. Privacy-preserving SVM classification[J]. Knowledge & Information Systems. 2008(14) : 161-178.

[7]   DU W, HAN Y S , CHEN S. Privacy-Preserving Multivariate Statistical Analysis: Linear Regression and Classification[C]. Proceedings of the 2004 SIAM International Conference on Data Mining(SDM). Philadelphia: Society for Industrial and Applied Mathematics, 2004: 222-233.

[8]   MOHASSEL P, ZHANG Y. SecureML: A System for Scalable Privacy-Preserving Machine Learning[C]. 2017 IEEE Symposium on Security and Privacy (SP) . New Jersey: IEEE, 2017: 19-38.

[9]   BOGDANOV D, LAUR S, WILLEMSON J. Sharemind: A Framework for Fast Privacy-Preserving Computations[C]. European Symposium on Research in Computer Security (ESORICS). Berlin: Springer Publishing Company, 2008: 192-206.

[10]   MOHASSEL P, RINDAL P. ABY 3: A Mixed Protocol Framework for Machine Learning[C]. Proceedings of the 2018 ACM SIGSAC Conference on Computer and Communications Security. New York: Association for Computing Machinery, 2018: 35-52.

[11]   ARAKI T, FURUKAWA J, LINDELL Y, et al. High-Throughput Semi-Honest Secure Three-Party Computation with an Honest Majority[C]. Proceedings of the 2016 ACM SIGSAC Conference on Computer and Communications Security. New York: Association for Computing Machinery, 2016: 805-817.

[12]　FURUKAWA J, LINDELL Y, NOF A, et al. High-Throughput Secure Three-Party Computation for Malicious Adversaries and an Honest Majority[C]. Advances in Cryptology EUROCRYPT 2017, Berlin: Springer Publishing Company, 2017: 225-255.

[13]　MOHASSEL P, ROSULEK M, ZHANG Y. Fast and Secure Three-party Computation: The Garbled Circuit Approach[C]. Proceedings of the 22nd ACM SIGSAC Conference on Computer and Communications Security. New York: Association for Computing Machinery, 2015: 591-602.

[14]　DWORK C. Differential privacy: a survey of results[C]. Theory and Applications of Models of Computation. Berlin: Springer Publishing Company, 2008: 1-19.

[15]　VAIDYA J, CLIFTON C. Privacy Preserving Naïve Bayes Classifier for Vertically Partitioned Data[C]. Proceedings of the 2004 SIAM International Conference on Data Mining, Philadelphia: Society for Industrial and Applied Mathematics, 2004: 522-526.

[16]　ABADI M, CHU A, GOODFELLOW I, et al. Deep Learning with Differential Privacy[C]. Proceedings of the 2016 ACM SIGSAC Conference on Computer and Communications Security. New York: Association for Computing Machinery, 2016: 308-318.

[17]　SONG S, CHAUDHURI K, SARWATE A D. Stochastic gradient descent with differentially private updates[C]. 2013 IEEE Global Conference on Signal and Information Processing. New Jersey: IEEE, 2013: 245-248.

[18]　GEYER R C, KLEIN T, NABI M. Differentially Private Federated

Learning: A Client Level Perspective[A/OL]. arXiv.org(2017-12-20).

[19]   GIACOMELLI I, JHA S, JOYE M, et al. Privacy-Preserving Ridge
         Regression with only Linearly-Homomorphic Encryption[C].
         Proceedings of 2018 International Conference on Applied
         Cryptography and Network Security. Berlin: Springer Publishing
         Company, 2018: 243-261

[20]   HALL R, FIENBERG S E, NARDI Y. Secure Multiple Linear
         Regression Based on Homomorphic Encryption[J]. Journal of Official
         Statistics, 2011, 27(4):669-691.

[21]   HESAMIFARD E, TAKABI H, GHASEMI M.. CryptoDL: Deep
         Neural Networks over Encrypted Data[A/OL]. arXiv.org(2017-11-14).

[22]   YUAN J, YU S. Privacy Preserving Back-Propagation Neural Network
         Learning Made Practical with Cloud Computing[M]. Berlin: Springer
         Publishing Company, 2012.

[23]   ZHANG Q, YANG L T, CHEN Z. Privacy Preserving Deep
         Computation Model on Cloud for Big Data Feature Learning[J]. IEEE
         Transactions on Computers, 2016, 65(5):1351-1362.

[24]   AONO Y, HAYASHI T, PHONG L T, et al. Scalable and Secure
         Logistic Regression via Homomorphic Encryption[C]. Proceedings of
         the Sixth ACM on Conference on Data and Application Security and
         Privacy. New Orleans: Association for Computing Machinery.
         2016:142-144.

[25]   KIM M, SONG Y, WANG S, et al. Secure Logistic Regression Based
         on Homomorphic Encryption: Design and Evaluation[J]. JMIR medical
         informatics, 2017, 6(2):19.

[26] ZHU L., HAN S. Deep Leakage from Gradients[C]. Federated Learning. Lecture Notes in Computer Science,. Berlin: Springer Publishing Company,Springer.2020:17-31.

[27] BAGDASARYAN E, VEIT A, HUA Y, et al. How To Backdoor Federated Learning[A/OL]. arXiv.org(2018-07-02).

[28] MELIS L, SONG C, CRISTOFARO E D, et al. Inference Attacks Against Collaborative Learning[A/OL]. arXiv.org(2018-05-10).

[29] SU L, XU J. Securing Distributed Gradient Descent in High Dimensional Statistical Learning[J]. ACM Sigmetrics Performance Evaluation Review, 2019, 47(1): 83-84.

[30] KIM H, PARK J, BENNIS M, et al. Blockchained On-Device Federated Learning[J]. IEEE Communications Letters, 2020, 24(6): 1279-1283.

[31] FANTI G, PIHUR V, ERLINGSSON U. Building a RAPPOR with the Unknown: Privacy-Preserving Learning of Associations and Data Dictionaries[J]. Proceedings on Privacy Enhancing Technologies, 2016 (3): 41-61.

[32] HARD A, RAO K, MATHEWS R, et al. Federated Learning for Mobile Keyboard Prediction[A/OL]. arXiv.org (2019-02-28).

[33] YANG T, ANDREW G, EICHNER H, et al. Applied Federated Learning: Improving Google Keyboard Query Suggestions[A/OL]. arXiv.org (2018-12-07).

[34] CHEN M, MATHEWS R, OUYANG T, et al. Federated Learning Of Out-Of-Vocabulary Words[A/OL]. arXiv.org (2019-03-26).

[35]　RAMASWAMY S, MATHEWS R, RAO K, et al. Federated Learning for Emoji Prediction in a Mobile Keyboard[A/OL]. arXiv.org (2019-06-11).

[36]　LEROY D, COUCKE A, LAVRIL T, et al. Federated Learning for Keyword Spotting[A/OL]. arXiv.org (2019-02-18).

[37]　COURTIOL P, MAUSSION C, MOARII M, et al. Deep learning-based classification of mesothelioma improves prediction of patient outcome[J]. Nature Medicine, 2019, 25(10): 1519-1525.

[38]　KAIROUZ P, MCMAHAN H B, AVENT B, et al. Advances and Open Problems in Federated Learning[A/OL]. arXiv.org (2019-12-10).

[39]　李璠. 科技創新助力金融控股集團數位化轉型[M]. 中國金融家, 2020, (1): 116-118.

[40]　ANDERSON R. The Credit Scoring Toolkit: Theory and Practice for Retail Credit Risk Management and Decision Automation[M]. New York: Oxford University Press Inc. 2007.

[41]　周志華. 機器學習[M]. 北京: 清華大學出版社. 2016.

[42]　PHONG L T, AONO Y, HAYASHI T, et al. Privacy-Preserving Deep Learning via Additively Homomorphic Encryption[J]. IEEE Transactions on Information Forensics and Security, 2017, 13(5): 1333-1345.

[43]　BONAWITZ K, IVANOV V, KREUTER B, et al. Practical Secure Aggregation for Privacy-Preserving Machine Learning[C]. Proceedings of the 2017 ACM SIGSAC Conference on Computer and Communications Security. New York: Association for Computing Machinery, 2017: 1175-1191.

[44]   HITAJ B, ATENIESE G, PEREZ-CRUZ

F. Deep Models under the GAN: Information Leakage from
Collaborative Deep Learning[C]. Proceedings of the 2017 ACM
SIGSAC Conference on Computer and Communications Security. New
York: Association for Computing Machinery, 2017: 603-618.

[45]   HARDY S, HENECKA W, IVEY-LaAW H, et al. Private Federated
Learning on Vertically Partitioned Data via Entity Resolution and
Additively Homomorphic Encryption[A/OL]. arXiv.org (2017-11-29).

[46]   SCHMIDT M, ROUX N L, BACH F. Minimizing Finite Sums with the
Stochastic Average Gradient[J]. Mathematical Programming, 2017,
162(1-2): 83-112.

[47]   BREIMAN L. Random Forests[J]. Machine Learning, 2001, 45(1): 5-
32.

[48]   FRIEDMAN J H. Greedy Function Approximation: A Gradient
Boosting Machine[J]. Annals of Statistics, 2001, 29(5): 1189-1232.

[49]   CHEN T, GUESTRIN C. Xgboost: A Scalable Tree Boosting
System[C]. Proceedings of the 22nd ACM SIGKDD International
Conference on Knowledge Discovery and Data Mining. New York:
Association for Computing Machinery, 2016: 785-794.

[50]   CHENG K, FAN T, JIN Y, et al. Secureboost: A Lossless Federated
Learning Framework[A/OL]. arXiv.org (2019-01-25).

[51]   LIANG G,CHAWATHE S S. Privacy-Preserving Inter-Database
Operations[C]. Intelligence and Security Informatics. Berlin: Springer
Publishing Company, 2004: 66-82.

[52]　GOODFELLOW I, BENGIO Y, COURVILLE A. Deep Learning[M]. Cambridge: The MIT Press. 2016.

[53]　GAO D, TAN B, JU C, et al. Privacy Threats Against Federated Matrix Factorization [A/OL]. arXiv.org (2020-07-03).

[54]　RENDLE S. Factorization Machines[C]. 2010 IEEE International Conference on Data Mining. New Jersey: IEEE, 2010: 995-1000.

[55]　YANG Q. Federated Learning in Recommendation Systems[EB/OL].2019-12.

[56]　CHAI D, WANG L, CHEN K, et al. Secure Federated Matrix Factorization [A/OL]. arxiv.org (2019-06-12).

[57]　WANG G, DANG C X, ZHOU Z. Measure Contribution of Participants in Federated Learning[C].2019 IEEE International Conference on Big Data (Big Data). New Jersey: IEEE, 2019:2597-2604.

[58]　MOLNAR C. Interpretable Machine Learning[M]. Morrisville: Lulu Press. 2019.

[59]　王衛, 張夢君, 王晶. 國內外巨量資料交易平台調研分析[J]. 情報雜誌，2019, 38（2）：181-186，194.

[60]　楊強，劉洋，程勇，等. 聯邦學習[M]. 北京：電子工業出版社，2020.

[61]　楊強，黃安埠，劉洋，等. 聯邦學習實戰[M]. 北京：電子工業出版社. 2021.

[62]　FATE developers. FATE AllinOne 部署指南[EB/OL]. (2019-12-25)/[2021-11-02].

[63] FATE developers. FATE Docker Compose 部署 [EB/OL]. (2019-09-24)/[2020-11-18].

[64] FATE developers. FATE Kubernetes 部署[EB/OL]. (2021-01-01)/[2021-06-29].

[65] MASTROIANNI G. Uniform Convergence of Derivatives of Lagrange Interpolation[J]. Journal of Computational and Applied Mathematics, 1992, 43(1-2):37-51.

[66] BHATTACHARY S, JHA S , THARAKUNNEL K , et al. Data Mining for Credit Card Fraud: A Comparative Study[J]. Decision Support Systems, 2011, 50(3):602-613.

[67] BOLTON R J , HAND D J. Statistical Fraud Detection: A Review[J]. Statistical Science, 2002, 17(3):235-255.

[68] LI K, ZHENG F, TIAN J, et al. A Federated F-score Based Ensemble Model for Automatic Rule Extraction [A/OL]. arXiv.org (2020-07-17).

[69] QUINLAN J . C4.5: Programms for Machine Learning[M]. San Francisco: Morgan Kaufmann Publishers Inc, 1995.

[70] PAILLIER P. Public-Key Cryptosystems Based on Composite Degree Residuosity Classes[C]. Advances in Cryptology EUROCRYPT '99. Berlin: Springer Publishing Company, 1999: 223-238.

[71] THOMAS L C. Consumer credit models : pricing, profit, and portfolios[M]. Oxford: Oxford University Press, 2009.

[72] Jorge N, Stephen J W. Numerical Optimization: Springer Series in Operations Research and Financial Engineering[M]. Berlin: Springer Publishing Company, 2006.

[73] BYRD R H, Lu P, NOCEDAL J, et al. A limited memory algorithm for bound constrained optimization[J]. SIAM Journal on Scientific Computing, 1995, 16(5):1190-1208.

[74] YANG K, FAN T, CHEN T, et al. A quasi-newton method based vertical federated learning framework for logistic regression[A/OL]. arXiv.org (2019-12-04).

[75] ZHENG F, ERIHE, LI K, et al .A vertical federated learning method for interpretable scorecard and its application in credit scoring[A/OL]. arXiv.org(2020-09-14).

[76] 許閑, 尹曄. 國際角度下的金融科技、保險科技與監管科技發展[J]. 保險理論與實踐, 2020（2）:43-46.

[77] GANDHI D, KAUL R. Future of Life Underwriting - Art, Science & Technology: How new technology is shaping the future of underwriting and underwriters[J]. Asia Insurance Review. 2016(06):76-77.

[78] 鹿慧，張曉奇，戴鵬，. 當保險遇上人工智慧[J]. 中國保險, 2018(10):47-51.

[79] 唐金成, 劉魯. 保險科技時代「AI+保險」模式應用研究[J]. 西南金融，2019 (5):63-71.

[80] 黃萬鵬. 保險科技助力保險業高品質發展[J]. 中國保險, 2018 (7):12-15.

[81] VLADIMIR K, LJILJANA K, MILIJANA N. A nonparametric data mining approach for risk prediction in car insurance: a case study from the Montenegrin market[J]. Economic Research-Ekonomska Istraživanja. 2016(29):545-558.

[82] RUMELHART D, HINTON G, WILLIAMS R. Learning
      Representations by Back Propagating Errors[J]. Nature, 1986(323):
      533-536.

[83] LECUN Y, BENGIO Y, HINTON G. Deep Learning[J]. Nature,
      2015(521): 436-444.

[84] VIOLA P, JONES M J. Robust Real-time Face Dection[J].
      International Journal of Computer Version, 2004, 57(2) : 137-154.

[85] GIRSHICK R, DONAHUE J, DARREL T, et al. Rich Feature
      Hierarchies for Accurate Object Detection and Semantic
      Segmentation[C]. 2014 IEEE Conference on Computer Vision and
      Pattern Recognition. New Jersey: IEEE, 2014: 580-587.

[86] REDMON J, DIVVALA S, GIRSHICK R, et al. You Only Look Once:
      Unified, Real-time Object Detection[C]. 2016 IEEE Conference on
      Computer Vision and Pattern Recognition. New Jersey: IEEE, 2016:
      779-788.

[87] ROY A, SIDDIQUI S, POLSTERL S. Braintorrent: A Peer-to-peer
      Environment for Decentralized Federated Learning[A/OL]. arXiv.org
      (2019-05-15).

[88] GERZ D, VULIC I, PONTI E, et al. Language modeling for
      morphologically rich languages: Character-aware modeling for word-
      level prediction[J]. Transactions of the Association for Computational
      Linguistics, 2018, 6(4): 451-465.

[89] LAM M W Y, CHEN X, HU S, et al. Gaussian Process Lstm Recurrent
      Neural Network Language Models for Speech Recognition[C].
      ICASSP 2019 - 2019 IEEE International Conference on Acoustics,

Speech and Signal Processing (ICASSP). New Jersey: IEEE, 2019: 7235 - 7239.

[90]   MA K, LEUNG H. A Novel LSTM Approach for Asynchronous Multivariate Time Series Prediction[C]. 2019 International Joint Conference on Neural Networks (IJCNN). New Jersey: IEEE, 2019: 1-7.

[91]   AINA L, GULORDAVA K, BOLEDA G. Putting Words in Context: LSTM Language Models and Lexical Ambiguity[C] // Proceedings of the 57th Annual Meeting of the Association for Computational Linguistics. Florence: Association for Computational Linguistics(ACL), 2019: 3342-3348.

[92]   XIAO P, CHENG S, STANKOVIC V, et al. Averaging is probably not the optimum way of aggregating parameters in federated learning[J]. Entropy, 2020, 22(3): 314.

[93]   JI S, PAN S, LONG G, et al. Learning private neural language modeling with attentive aggregation[C]. 2019 International Joint Conference on Neural Networks (IJCNN). New Jersey: IEEE, 2019: 1-8.

[94]   YAO X, HUANG C, SUN L. Two-stream federated learning: Reduce the communication costs[C]. 2018 IEEE Visual Communications and Image Processing (VCIP). New Jersey: IEEE, 2018: 1-4.

[95]   VOGELS T, KARIMIREDDY S P, JAGGI M. PowerSGD: Practical low-rank gradient compression for distributed optimization[A/OL]. arXiv.org (2020-02-18).

[96]   ZHU X, WANG J, HONG Z, et al. Empirical studies of institutional federated learning for natural language processing[C].Findings of the Association for Computational Linguistics: EMNLP 2020.[S.l.]: Association for Computational Linguistics, 2020: 625-634.

[97]   CUGGIA M, COMBES S. The french health data hub and the german medical informatics initiatives: Two national projects to promote data sharing in healthcare[J]. Yearbook of medical informatics, 2019, 28(1): 195-202.

[98]   SPOMS O, TONONI G, KöTTER R. The human connectome: a structural description of the human brain[J]. PLoS Computational Biology, 2005, 1(4): e42.

[99]   SUDLOW C, GALLACHER J, ALLEN N, et al. Uk biobank: an open access resource for identifying the causes of a wide range of complex diseases of middle and old age[J]. PLoS Medicine, 2015, 12(3): e1001779.

[100]   MENZE B H, JAKAB A, BAUER S, et al. The multimodal brain tumor image segmentation benchmark (brats)[J]. IEEE Transactions on Medical Imaging, 2014, 34: 1993-2024.

[101]   ROCHER L, HENDRICKX J M, DE MONTJOYE Y A. Estimating the success of re-identifications in incomplete datasets using generative models[J]. Nature Communications, 2019, 10: 1-9.

[102]   YEH F C, VETTEL J M, SINGH A, et al. Quantifying differences and similarities in whole-brain white matter architecture using local connectome fingerprints[J]. PLoS Computational Biology, 2016, 12: e1005203.

[103] LEE J, SUN J, WANG F, et al. Privacy-preserving patient similarity learning in a federated environment: development and analysis[J]. JMIR Medical Informatics, 2018, 6(2): e20.

[104] LI X. Multi-site fmri analysis using privacy-preserving federated learning and domain adaptation: abide results[A/OL]. arXiv.org (2020-12-06).

[105] LI T, SAHU A K, ZAHEER M, et al. Federated optimization in heterogeneous networks[A/OL]. arXiv.org (2020-04-21).

[106] Bill Gates. 未來之路[M]. 辜正坤 譯. 北京：北京大學出版社, 1996.

[107] WU Q, HE K, CHEN X. Personalized Federated Learning for Intelligent IoT Applications: A Cloud-Edge Based Framework[J]. IEEE Open Journal of the Computer Society, 2020, 1:35-44.

[108] KHAN L, SAAD W, ZHU H, et al. Federated Learning for Internet of Things: Recent Advances, Taxonomy and Open Challenges[A/OL]. arXiv.org (2021-06-18).

[109] 楊波. 現代密碼學[M]. 北京：清華大學出版社. 2015.

[110] DAMGARD I, KELLER M, LARRAIA E, et al. Practical Covertly Secure MPC for Dishonest Majority - Or: Breaking the SPDZ Limits[C]. Computer Security ESORICS. Berlin: Springer Publishing Company, 2013: 1-18.

[111] CRAMER R, DAMGARD I. On the Amortized Complexity of Zeroknowledge Protocols[C]. Advances in Cryptology EUROCRYPT. Berlin: Springer Publishing Company, 2009: 177-191.

[112] DAMGARD I, PASTRO V, SMART N, et al. Multiparty Computation from Somewhat Homomorphic Encryption[C]. Advances in Cryptology EUROCRYPT. Berlin: Springer Publishing Company, 2012: 643-662.

[113] BENDLIN R, DAMGARD I, ORLANDI C, et al. Semihomomorphic Encryption and Multiparty Computation[C]. Advances in Cryptology EUROCRYPT 2011. Berlin: Springer Publishing Company, 2011: 169-188.

[114] DAMGARD I, KELLER M, LARRAIA E, et al. Implementing AES via an Actively/Covertly Secure Dishonest-Majority MPC Protocol[C]. Security and Cryptography for Networks. Berlin: Springer Publishing Company, 2012: 241-263.

[115] BEAVER D. Efficient Multiparty Protocols Using Circuit Randomization[C]. Advances in Cryptology EUROCRYPT '91. Berlin: Springer Publishing Company, 1991: 420-432.

附録